Veli-Pekka Tynkkynen

·

The Energy of Russia

Hydrocarbon Culture and Climate Change

Edward Elgar Publishing

Cheltenham

2019

Вели-Пекка Тюнккюнен

·

Энергия России

Углеводородная культура и изменение климата

Academic Studies Press

Бостон

2024

УДК 620.92+94(470)
ББК 31.1+63.3(2)64-2
Т98

Перевод с английского Н. Махлаюка

Серийное оформление и оформление обложки Ивана Граве

Тюнкккюнен, Вели-Пекка.

Т98   Энергия России. Углеводородная культура и изменение климата / Вели-Пекка Тюнкккюнен ; [пер. с англ. Н. Махлаюка]. — Бостон: Academic Studies Press, 2024. — 228 с. — (Серия «Глобальные исследования в области экологии и окружающей среды» = «Global Environmental Studies»).

ISBN 979-8-887195-33-9 (Academic Studies Press)

Книга «Энергия России: Углеводородная культура и изменение климата» рассказывает о том, как нефть и газ текут через российское общество. В работе исследуется и то, как зависимость от ископаемых источников энергии объясняется и оправдывается в глазах простых россиян, и какую роль эти источники играют в политике страны. Хотя современная Россия полностью зависит от нефти и газа, страна имеет все предпосылки, чтобы стать крупной державой в области возобновляемой энергетики.

УДК 620.92+94(470)
ББК 31.1+63.3(2)64-2

ISBN 979-8-887195-33-9

Посвящается моим детям

Предисловие

Россия начала массированное нападение на Украину 24 февраля 2022 года. За этим решением стояли президент Владимир Путин и, возможно, только четыре человека из российской властной элиты. Цель Путина — расширить власть России, чтобы государство, которое он считает империей, такой как царская Россия и Советский Союз, могло подчинить себе такие страны, как Украина, стремящаяся к полному самоопределению. Наряду с геополитической манией величия, мотивацией применения возросшего насилия как против собственных граждан страны, так и для нападения на Украину было сохранение власти, а также защита самого Путина. Почему лишь горстка людей может обладать такой большой властью, чтобы определять направление развития России, и почему Запад был настолько бессилен ответить на этот вызов до февраля 2022 года? Одним из ключевых объясняющих факторов являются нефть и газ, которые играют центральную роль в российской экономике. Это сырье способствовало централизации политической власти в России и ослабило внешнеполитическое единство Европы.

В этой книге я анализирую взаимосвязи между российским топливно-энергетическим комплексом и политической властью в контексте внутренней и внешней политики России. Энергетические ресурсы России, а также реальная власть и насилие, опосредованные и запрограммированные их наличием, рассматриваются в свете глобального императива для любого общества, который заключается в настоятельной необходимости перехода от ископаемых видов топлива к низкоуглеродным источникам энергии. Я полагаю, что мы сможем лучше понять эту необходимость и определить пути для более гибкого и устойчивого развития как самой России, так и мирового сообщества, если посмотрим на энергетику через призму власти, пространственного размещения и изменения климата. Я намерен показать, как различные источники энергии — в широком социально-культурном смысле — предопределяют и ограничивают возможности выбора для России, а также то, что эта ситуация влечет за собой для соседних стран, окружающей среды, глобальной энергетики и политики в связи с изменением климата.

В основу этой книги легли мои практические исследования, которые я веду с 2010 года. Однако «общий нарратив» проистекает из моих исследовательских интересов, которые сформировались на заре моей научной карьеры в конце 1990-х годов. Главный вопрос, на который я стремился найти ответ все эти годы, заключается в том, как в России осуществляется управление природными ресурсами, энергетикой и огромными пространствами и что эти разные практики внутри системы управления могут сказать нам о природе политической власти. Хотя это исследование строится на междисциплинарных принципах и тематике, моя основная дисциплина — география, и это, наряду с чисто географическими вопросами, находит отражение во всех моих работах, включая эту книгу. Исходя из этого, главный вопрос можно сформулировать следующим образом: как политическая власть реализуется с помощью ресурсов и пространства и как географические факторы определяют пределы политической власти?

В первой, вводной главе я формулирую цели данного исследования и описываю применяемый мною подход в исторической перспективе. Кроме того, во введении определяется контекст существования российской энергетики с указанием основных акторов энергетической политики России и используемых ими ресурсов, а также в общем виде очерчивается концепция развития, которая будет подробно изложена в конце книги. Этот контекстный раздел отчасти основывается на моей главе «Energy Governance in Russia: From a Fossil to a Green Giant?» («Управление энергетикой в России: от ископаемого топлива к зеленому гиганту?») в книге «Handbook on the Energy Governance in Europe» (Ed. by M. Knodt and J. Kemmerzell. New York: Springer, 2019).

Во второй главе определяется используемый мною теоретико-методологический подход. Я рассматриваю энергетику России через призму пространственности или пространственных размещений, в которых потоки энергии и материальности пересекаются и переплетаются, являются частью различных практик политической власти. Эта глава отчасти основана на моих предыдущих публикациях: «Russian Bioenergy and the EU's Renewable Energy Goals: Perspectives of Security» («Российская биоэнергетика и цели ЕС в области возобновляемой энергетики») в книге: «Russian Energy and Security up to 2030» (London: Routledge, 2014) и «The Environment of an Energy Giant: Climate Discourse Framed by "Hydrocarbon Culture"» («Окружающая среда энергетического гиганта: климатический дискурс в рамках "углеводородной культуры"») в книге «Climate Change Discourse in Russia: Past and Present» (London: Routledge, 2018).

Исследованию энергетики в российском контексте посвящена третья глава, которая базируется на двух моих ранее опубликованных статьях, посвященных национальной программе Газпрома «Газификация России»: «Energy as Power — Gazprom, Gas Infrastructure, and Geo-governmentality in Putin's Russia» («Энергетика как власть: Газпром, газовая инфраструктура и геоправительность в путинской России») в «Slavic Review» (2016) и «Sports Fields and Corporate Governmentality: Gazprom's All-Russian Gas Program as Energopower» («Спортивные сооружения и корпоративная правительность: всероссийская газовая программа Газпрома как энерговласть») в книге «Critical Geographies of Sport: Space, Power and Sport in Global Perspective» (Abingdon: Routledge, 2016).

В четвертой главе рассматривается российская энергетика на международной арене, главным образом на примере малоизученного случая российско-финских дипломатических связей и торговли энергоносителями. Эта глава отчасти основывается на моих ранее опубликованных текстах и отчетах, в составлении которых я принимал участие, в частности на упомянутой выше главе в книге «Russian Energy and Security up to 2030» (2014), аналитической записке «Global Energy Transitions and Russia's Energy Influence in Finland» («Глобальный энергетический переход и влияние российского энергетики в Финляндии») по заказу офиса премьер-министра Финляндии (2017) и статье «Russia's Nuclear Power and Finland's Foreign Policy» («Российская атомная энергетика и внешняя политика Финляндии»), опубликованной в журнале «Russian Analytical Digest» (2016).

Пятая глава в основном посвящена вопросам экологии и будущему энергетики в одном из наиболее зависимых от углеводородов регионов России — Арктике. Эта глава отчасти основана на написанном мною введении «Introduction: Contested Russian Arctic» («Введение: споры о российской Арктике») к коллективной монографии «Russia's Far North: The Contested Energy Frontier» (Abingdon and New York: Routledge, 2018) и статье «Russia's Arctic Natural Gas and the Definition of Sustainability» («Российский арктический природный газ и определение устойчивого развития»), опубликованной 29 июля 2016 года на веб-сайте «Cultural Anthropology».

Шестая глава является результатом практических исследований, и основное внимание в ней уделено вопросам изменения климата, особенно отрицанию антропогенного характера климатических изменений в России. Эта глава, написанная в сотрудничестве с Ниной Тюнккюнен, изначально была опубликована в виде статьи под названием «Climate Denial Revisited: (Re)contextualising Russian Public Discourse on Climate Change during Putin 2.0» («Еще раз об отрицании изменения климата: (ре)контекстуализация российского публичного дискурса об изменении климата в период Путина 2.0»), опубликованной в «Europe-Asia Studies» (2018). В последней, седьмой главе книги я анализирую пути, следуя которым современная Россия могла бы избавиться от своей проблематичной, актуализирующей насилие зависимости от углеводородной энергии. В ней я рассматриваю первые усилия по декарбонизации в углеводородозависимом режиме Путина, и эта глава отчасти основывается на моей упомянутой выше работе «Energy Governance in Russia: From a Fossil to a Green Giant?». Я завершаю книгу концепцией гибкого и устойчивого развития для безуглеводородного и «зеленого» будущего России. Эта концепция выработана на основе теоретического подхода, описанного во второй главе, и результатов эмпирического исследования, изложенных в последующих четырех главах.

Благодарности

Прежде всего я хочу выразить благодарность всем членам моей исследовательской группы по изучению экологии России (http://blogs.helsinki.fi/tynkkynen) в Хельсинкском университете. Хотя мои аспиранты и докторанты непосредственно не участвовали в написании этой книги, для меня была чрезвычайно важна их работа над нашими исследовательскими проектами и предоставляемая мне возможность сосредоточиться на моей книге в периоды, когда это было особенно необходимо. Здесь есть одно исключение: моя ассистентка Елена Горбачева (сейчас она аспирантка) оказывала мне всяческую помощь в решении многих практических вопросов в процессе моей работы над книгой, а также составила предметно-именной указатель. Я признателен Джеки Косонен, которая тщательно проверила мой текст с точки зрения английской языка.

Вторая группа людей, которым я хочу выразить благодарность, — это мои коллеги в Финском центре по исследованию России и Восточной Европы, сотрудники Александровского института в Хельсинкском университете. Я особенно благодарен профессору Маркку Кивинену, который был моим наставником и критиком моей работы. Поскольку я был далеко не идеальным членом исследовательской группы Экспертного центра по исследованию России при Академии Финляндии (в 2012–2017 годах) и поэтому не внес существенного вклада в так называемую «финскую парадигму» исследований России, продвигаемую профессором Кивиненом, я понял, что мне необходимо выработать свой собственный подход в этой книге. Разумеется, эта работа была бы невозможна без щедрого финансирования, предоставленного Академией Финляндии на мои исследовательские проекты (285959, 299258, 314472, 319078) и исследователей, а также без дальновидного решения предоставить Хельсинкскому университету целевое финансирование для должности преподавателя в области экологических исследований России, которую я занимаю с 2018 года.

Третья и, пожалуй, самая важная для меня группа — это люди, собравшиеся благодаря профессору Маргарите Балмаседа из университета Сетон-холл, которая также является сотрудником Центра российских и евразийских исследований имени Дэвиса в Гарвардском университете. Мы работали вместе с ней во время ее пребывания в Александровском институте по стипендии имени Марии Кюри, и она была моим наставником с 2010 года. Я многим ей обязан в плане международных связей и формирования моего теоретического подхода за годы нашего сотрудничества. Огромное значение для меня имеет работа возглавляемой профессором Балмаседа исследовательской группы «Материальность энергетики: инфраструктура, пространственность и власть», в состав которой входят Пер Хёгселиус, Кори Джонсон, Хейко Плейнес, Даг Роджерс и которая собирается два раза в год в Институте передовых исследований Hanse-Wissenschaftskolleg в немецком городе Дельменхорсте. Без вашего внимания эта книга получилась бы сумбурной и недостаточно логичной.

И наконец, я хотел бы поблагодарить мою семью и друзей за важную поддержку, которая помогла мне твердо стоять на ногах и расставила приоритеты в моей жизни.

Глава 1
Введение

*Углеводородная культура
в условиях изменения климата*

Все главы этой книги, кроме заключительной главы, посвящены проблемам, возникающим из взаимосвязи энергетических ресурсов и политической власти в России. Я полагаю, что эта связь чрезвычайно важна, поскольку никакие достоверные и обоснованные прогнозы относительно России и ее партнеров невозможны без глубокого понимания проблем текущей ситуации в энергетике и политической системе страны, для которой характерна ментальность, сформированная углеводородной культурой. Зависимость режима президента Путина от углеводородов обусловливает его неспособность и нежелание видеть неизбежные системные изменения, которые приближаются в связи с глобальными климатическими изменениями. Эта тупиковая ситуация, в которой оказалась Россия, побудила меня к поиску инструментов, которые могли бы помочь в решении этой проблемы. В начале главы я определяю основные задачи и предмет данного исследования. В конце главы описывается контекст функционирования российской энергетики; эта часть посвящена энергетическим ресурсам России, их добыче, экспорту и использованию внутри страны. Кроме того, определяются основные акторы, которые задают главные направления энергетической политики, среди которых столь необходимый переход к климатической нейтральности.

РЕСУРСНАЯ ГЕОГРАФИЯ ПРЕДОПРЕДЕЛЯЕТ ПОЛИТИЧЕСКУЮ КУЛЬТУРУ

В этой книге предпринимается попытка понять, как природные ресурсы и энергетика влияют на политические цели, социальные дискурсы и культурную идентичность в России. Кроме того, моя задача заключается в анализе того, как различные источники энергии формируют условия для конкретных политических и культурных практик, которые, в свою очередь, предопределяют тот или иной выбор России, и каковы их возможные последствия для страны и мирового сообщества. Основное внимание уделяется продвигаемым элитами дискурсам и практикам, а не отношению населения к данной повестке. Главным объектом анализа является явно выраженная зависимость России от нефти и газа, которую экономическая и политическая элита оправдывает с точки зрения географии и истории, в результате чего нефть и газ изображаются как часть *русской идентичности*.

В определенном смысле эта книга связана с дебатами по поводу социально-политических последствий углеводородной энергетики и особенно нефтегазовой зависимости. Именно поэтому читатели увидят ее связь с научным дискурсом о сырьевом проклятии — например, с дискуссией, объединяющей исследовательские интересы экономистов и политологов в отношении экономических и политических последствий высокой ресурсной ренты и экономической зависимости от одного или нескольких энергетических ресурсов. Кроме того, в книге упоминаются понятия «энергетическая сверхдержава» и «энергетическое оружие», однако связи между энергетической мощью и энергетической безопасностью рассматриваются с несколько иной точки зрения, отличной от традиционных подходов, основанных на понимании энергоресурсов как рычага политического влияния. В силу моих теоретических и методологических предпочтений, которые отражают то, что я как политический географ считаю интересным и важным, я уделяю особое внимание тому значительному влиянию, которое пространственные и материальные особенности энергетики оказывают на выбор направлений развития в России. Я исхожу из того, что материальные аспекты энергетики способствуют формированию политики и практики, различных нарративов и дискурсов за счет ограничения или усиления возможностей тех или иных акторов проявлять свою власть. Другими словами, значение различных источников энергии и связанные с ними материальные особенности (инфраструктура трубопроводов, сети централизованного теплоснабжения или выработка тепла путем сжигания газа) задают условия формирования определенных политических, бюрократических, коммерческих и культурных практик в обществе. В силу пространственных и материальных особенностей нефтегазовой отрасли — включая экологию, геологию, инфраструктуру, потоки, связи, распределительные сети и рентные поступления от нефти и газа — углеводородная энергетика оказывает системное влияние на социальное развитие, особенно в российском контексте. Влияние истории и географии на выбор направлений развития России [Lo 2015] дополнительно усиливается высокой зависимостью от нефти и газа, которые, в свою очередь, трактуются как определяющие факторы *российской* истории и географии. Исходя из этого, роль и значение российской энергетики рассматриваются из перспективы, в которой пространственное мышление исследователя дополняется фукольдианским анализом власти и акторно-сетевой теорией Латура.

Один из постулатов этой книги заключается в том, что Россия — это государство, находящееся под негативным влиянием зависимости от ресурсной ренты и потоков. Россия находится под нефтяным проклятием в меньшей степени, чем Саудовская Аравия, Туркменистан или Венесуэла, но в гораздо большей, чем Соединенные Штаты или Норвегия, которые также являются крупнейшими игроками на рынке энергоносителей. С точки зрения эконометрики ресурсная зависимость России носит гибридный характер, и страна занимает положение где-то между этими двумя группами производителей нефти и газа. До падения мировых цен на нефть, которое началось в 2014 году, доходы от экспорта нефти и газа составляли чуть больше половины российского бюджета [Sabitova, Shavaleyeva 2015]. Примерно две трети этой суммы (одна треть общих бюджетных доходов) поступает от экспорта нефти, поскольку 75 % из 550 миллионов тонн производимой нефти Россия экспортирует в другие страны в виде сырой нефти (50 %) и нефтепродуктов (25 %). И наоборот, почти три четверти из 650 миллиардов кубических метров добываемого газа потребляется в России, поэтому добыча газа дает примерно 15–20 % бюджетных поступлений. Такие потоки энергоносителей внутри России и особенно вовне на мировой рынок означают, что энергетический сектор страны обеспечивает 25–30 % ВВП. Эти цифры свидетельствуют о том, что Россия в высокой степени, но не критически зависит от ренты, получаемой от добычи ископаемых видов топлива. По мере того как страны становятся все более зависимыми от нефти и газа, в них происходит усиление авторитаризма, ослабление государственных институтов и увеличивается экономическое отставание от других государств [Överland et al. 2010].

Моя цель — описать эту зависимость от ископаемых энергоресурсов как контекстуальный фактор, который поможет нам лучше понять различные политические, общественные и культурные дискурсы и практики. Проводимый мною анализ дает более глубокое понимание общественно-политических последствий энергетической зависимости: мои аргументы основываются на эмпирическом исследовании пространственных особенностей и материальных объектов в функционировании топливно-энергетического комплекса России. Разумеется, материальные объекты энергетики и формации, образующиеся вокруг ископаемых ресурсов, не предопределяют решения, нарративы, действия или высказывания в отношении энергетической, экологической, социальной или внешней политики России. Они задают их направленность в той степени, в какой некоторые властные акторы и институты (например, принадлежащий государству газовый гигант Газпром) могут использовать эти пространственные особенности и материальные объекты для продвижения властных стратегий, которые выгодны этим акторам. Вместе с тем эти же материальные объекты делают возможным сопротивление, помогая выстраивать и поддерживать противоположные дискурсы и практики, которые подрывают гегемонию державных дискурсов и практик. Именно здесь возникает возможность изменения: зависимость от выбранного пути, формирующая пространственные особенности и материальные объекты ископаемой энергетики, помимо прочего, помогает нам понять, что необходимо для того, чтобы построить новое, более устойчивое общество, которое черпает свою энергию/власть из других пространственных особенностей и материальных объектов. Кроме того, энергетические пространства и материальные объекты сами по себе обладают силой, которую никто не контролирует. Эта сила в чем-то сродни инфраструктурной инерции, но по сути является более широким понятием: сила энергетики и ее материальные объекты — это совокупность материальных и человеческих, инфраструктурных и социальных, технических и культурных элементов. Я исследую связь этих элементов, применяя властно ориентированный пространственный подход, и пытаюсь ответить на вопрос, каким образом пространственные и материальные особенности ископаемой энергетики используются как часть политических технологий или политической власти в российском контексте и как можно прервать эту зависимость от выбранного пути.

Исторические обстоятельства сложились так, что, начиная с добычи мехов в Сибири в XVI–XVII веках до разработки месторождений газа, нефти и урана в Сибири, Арктике и на Дальнем Востоке в XXI веке, Россия всегда социально и экономически зависела от добычи природных ресурсов и производства сырья. В этом смысле можно утверждать, что природные богатства и энергоресурсы всегда были и по сей день остаются частью формулы, описывающей структуру и содержание российской политики и стратегий развития. Я утверждаю, что очевидная зависимость российского общества от природных ресурсов влияет не только на политику и стратегию развития страны, но и на политическое устройство государства (см., например, [Ferguson, Mansbach 1996]). Государственное устройство охватывает весь спектр принципов и методов управления обществом, в том числе способы его сохранения посредством определенного дискурса.

Государственное устройство складывается из «идентичности», «ресурсов» и «иерархии», которые являются факторами, объясняющими и оправдывающими друг друга. Идентичность связана с (природными) ресурсами, которые, в свою очередь, связаны со способом управления обществом. Это относится к любой нации или государству: природа и ее ресурсы оказывают *влияние* на самосознание представителей определенной культуры. Однако тот факт, что российское общество *всегда* управлялось иерархически, сверху вниз, царями, генеральными секретарями и президентами, которые осуществляли свою личную власть и власть элит над народом недемократическим путем, побуждает нас более пристально рассмотреть связь между идентичностью, властью и ресурсами. В этой книге я утверждаю, что высокая зависимость от природных ресурсов и — в случае путинской России — от энергетики способствует формированию более авторитарного строя, чем было бы в случае иного взгляда на ресурсную географию и стратегию экономического развития с использованием этих географически разнообразных ресурсов. Географическое распределение природных ресурсов и история их добычи играют чрезвычайно важную роль. Для понимания сложившейся в России формы правления ключевое значение имеет тот факт, что основные природные ресурсы — от мехов до древесины и угля, от углеводородов до урана и алмазов — исторически находятся на периферии и, следовательно, пространственно отдалены от основной части населения, от поселений и городов в центральных областях страны. Правители, по сути дела, никогда не зависели от народа как важного ресурса, но всегда зависели от природных богатств, которые были и остаются отделенными от сообществ и населения. Таким образом, мой тезис заключается в том, что география играла и продолжает играть существенную роль в формировании способа управления страной.

Для осмысления государственного устройства, сложившегося в течение столетий на территории современной России, чрезвычайно важным является такое понятие, как «великая держава»/«империя», которое тесно связано с дискуссиями по поводу политического устройства страны. Я полагаю, что в случае России именно империя, а не государство является территориальным проявлением государственного устройства. В отличие от государств, признавших Вестфальскую систему международных отношений, территории империи строго не определены и не зафиксированы, что приводит к текучести государственного устройства и тем самым к непредсказуемости в поведении государства.

Политологи, которые занимаются Россией, а также политики и дипломаты, хорошо знающие Россию, сходятся в одном: Россия была и остается непредсказуемой. Если подойти к этой дискуссии с точки зрения ученого, исследующего пространственные факторы, возникает вопрос: обречена ли Россия на такую форму государственного устройства в силу своего географического положения? Обречена ли она на авторитаризм и плохое управление, непредсказуемость и, как следствие, жестокость в отношении собственного народа и внешнего мира в силу изначально присущей ей непредсказуемости и поэтому должна рассматриваться как страна-изгой среди других государств? К сожалению, экономические и политические тенденции в постсоветской России подтверждают это мрачное предвидение (см., например, [Gel'man 2015; Gessen 2017]). Значение природных ресурсов — особенно ископаемого топлива, нефти и газа — существенно возросло с последнего советского десятилетия: в 1980-е годы доля энергетического сектора в ВВП составляла около 10 %, а на протяжении 2010-х годов она выросла почти до 25 % [Simola, Solanko 2017]. Энергетический сектор не был доминирующим в советской экономике, но стал таковым в российской. При этом единственными конкурентоспособными российскими товарами на мировом рынке являются вооружения, энергоресурсы и сырье. Относительно недавнее увеличение вложений в военную промышленность можно считать прямым следствием энергетической ренты, денег от продажи нефти и газа, которые легко доступны режиму и к тому же используются для его защиты от внутренних и внешних врагов, реальных или воображаемых. Я убежден, что проявляемая Россией агрессивность связана с тем, что путинский режим чувствует угрозу со стороны внутренних и внешних акторов: он либо действительно считает Россию осажденной крепостью, которую другие группы и государства хотят завоевать и уничтожить, либо использует этот нарратив для оправдания чрезвычайных мер, которые отвлекают внимание общественности от реальных структурных проблем, стоящих перед Россией [Gel'man 2015; Yablokov 2018]. В основе этого страха лежит осознание того, что режим на самом деле чрезвычайно слаб и что его легитимность постоянно подвергается сомнению прежде всего со стороны российского народа. Главный вопрос, который волнует население, — это роль России исключительно как производителя сырья, «сырьевого придатка Запада» [Rutland 2015], поскольку этот вопрос непосредственно связан с обывательским восприятием экономической несправедливости в отношениях правящей элиты и народа. Следовательно, возрастающее экономическое и политическое значение углеводородов должно быть оправдано в глазах россиян, и это необходимо сделать, так как само будущее режима Путина во многом зависит от углеводородов. Это вынуждает режим выстраивать легитимизирующий нарратив в отношении углеводородов в дополнение к смещению фокуса с системных экономических и общественных проблем, вызванных зависимостью от углеводородов, на разжигание конфликтов на международной арене в надежде, что внешняя угроза объединит российский народ для реализации национальной стратегии. Агрессивность, проявляемая Россией, особенно в Украине и Сирии, а также враждебные действия в отношении западных партнеров — от вмешательства в выборы, поддержки и финансирования ультраправых, осуществления «тайных» точечных военных операций, взлома компьютерных сетей и троллинга вплоть до реализации государственной программы по использованию допинга — все это делается с целью посеять раскол в Европе и США и ослабить Запад. Может создаться впечатление, что это свидетельство силы России. Однако в действительности мы видим страх руководства «потемкинской империи», которое понимает, что его власть и легитимность в реальности покоятся на очень шатком основании.

За годы правления Путина, начиная с 2000 года, экономические ресурсы и богатство все больше сосредоточивались в руках все меньшего числа людей. На сегодняшний день три четверти национального богатства принадлежат одному проценту населения, т. е. примерно 1,5 миллиона человек. Для сравнения, в Соединенных Штатах и Китае эта цифра составляет чуть менее 40 % [Shorrocks et al. 2016]. Возможность накопления богатства в структурах власти может показаться результатом ряда осознанных решений. Однако эта возможность также связана с определенным географическим распределением энергоресурсов. Число людей, занятых в нефтегазовом секторе России, относительно невелико (хотя такие компании, как «Газпром», являются крупнейшими работодателями), и поэтому работники в этой отрасли имеют мало возможностей диктовать свои условия. Молчание немногочисленного персонала, необходимого для обеспечения потока углеводородов от скважин в домохозяйства, на электростанции и на экспорт, можно легко «купить», и тогда режиму не придется учитывать политические требования трудящихся. Описывая это чрезвычайно важное изменение в переговорной позиции трудящихся, Тимоти Митчелл [Mitchell 2011] указывает, что оно произошло, когда во всем мире энергетика перестала зависеть от угля и перешла на нефть и газ. Работники, занятые в угледобывающей промышленности, были политическим классом, оказавшим влияние на демократизацию в индустриально развитых странах Запада: профсоюзы не были бы достаточно сильны без сильной переговорной позиции шахтеров, которые посредством забастовок и блокад могли остановить промышленное производство, зависевшее от угля, тем самым оказывая давление на аккумулирование богатства и власти капиталистами и политическими элитами. Эта возможность давления существовала во времена советской экономики, когда угольная и сталелитейная отрасли имели первостепенное значение и к тому же были крупнейшими работодателями. Разумеется, наличие сильной переговорной позиции можно легко опровергнуть, указав на то, что тоталитарный характер Советского государства не допускал такого усиления позиции рабочих. Как известно, профсоюзы в СССР де-факто были слабы [Blom et al. 1996]. В современной России профессиональные союзы способствуют обеспечению некоторой социальной стабильности, но при этом остаются столь же слабыми, как и во времена плановой экономики. Кроме того, самый высокодоходный и потому важный сектор российской экономики — нефтегазовая отрасль — считается хорошим работодателем, обеспечивающим высокий уровень заработной платы, однако у работников в этой отрасли практически отсутствуют рычаги политического влияния. Их число, в зависимости от определения, составляет всего 1–2 % от общей численности рабочей силы [Simola, Solanko 2017]. То, что добыча нефти и газа осуществляется в районах с крайне низкой плотностью населения, удаленных от поселений и густонаселенных регионов европейской части России, позволяет режиму Путина и его ближайшему окружению контролировать основные денежные поступления и сохранять власть в своих руках. Тем самым географическое распределение природных ресурсов и ископаемых источников энергии позволяет российскому руководству реализовывать свою политику, которая служит их собственным интересам, и консолидировать власть благодаря двум взаимодополняющим факторам. Во-первых, сектор, который обеспечивает денежные поступления и властные полномочия для путинского окружения, не имеет социально-политической силы из-за небольшого числа занятых в нем работников, и поэтому их легко контролировать и сдерживать. Во-вторых, добыча и транспортировка — и в меньшей степени очистка — нефти и газа происходят в пространственно изолированных местах и по транспортным коридорам на территории России, в удалении от жизни большинства россиян, и поэтому добыча этих ресурсов не представляет для режима угрозы сколь-либо серьезных конфликтов с местным населением и российским обществом.

Другими словами, нефть и газ создают возможность для путинского режима и подталкивают его к проявлению агрессивности по отношению к собственному народу и пренебрежению международными нормами — от уважения суверенитета других государств до содействия всеобщим усилиям по смягчению последствий глобального изменения климата. Необходимо подчеркнуть, что если российская империя будет в меньшей степени зависеть от углеводородов или аналогичных ресурсов, ее централизованная власть все равно может остаться непредсказуемой и агрессивной. Однако, на мой взгляд, вероятность этого значительно ниже в случае экономической регионализации, политической федерализации России и децентрализации энергетики и ресурсов, чем при нынешнем правлении, основанном на углеводородных ресурсах. Далее мы обсудим предпосылки для отхода от этой дьявольской углеводородной зависимости.

РЕСУРСЫ ДЛЯ ЭНЕРГЕТИЧЕСКОГО ПЕРЕХОДА?

Россия является энергетическим гигантом благодаря огромным запасам углеводородов, угля и урана, а также возобновляемым источниками энергии. При этом она обладает относительно развитым в технологическом плане человеческим капиталом, необходимым для перехода к низкоуглеродной экономике. Россия имеет огромный биоэнергетический потенциал за счет своих самых больших в мире лесных ресурсов. Кроме того, благодаря обширным территориям в России имеются благоприятные возможности для экономически выгодного развития ветроэнергетики, небольших гидроэлектростанций, а также солнечной и геотермальной энергетики. Более тщательный анализ показывает, что, несмотря на эти благоприятные условия, высокая зависимость российской экономики и политики от эксплуатации природных ресурсов остается препятствием для перехода к углеродной нейтральности и возобновляемой энергетике. Ключевым фактором, влияющим на систему управления энергетикой в России, является наличие на ее территории огромных запасов нефти, газа, угля и урана. Определяющая роль нефтегазовой отрасли в российской экономике и тесная взаимосвязь политической власти и топливно-энергетического комплекса, на первый взгляд, противоречат целям энергетического перехода, которые устанавливаются в стратегиях правительства Российской Федерации с начала 2000-х годов. Энергетический комплекс дает примерно четверть российского ВВП, а доходы от экспорта нефти и газа составляют от одной трети до половины (в зависимости от нефтяных цен) поступлений в бюджет России [Ibid.]. В такой ситуации, детерминированной реалиями российской политики и экономики, нелегко создать равноправные условия для этих отраслей и акторов, чтобы обеспечить возможности для энергетического перехода к низкоуглеродному обществу.

Изобилие энергетических и других ресурсов вкупе с историческими предпосылками способствовало созданию в России мощных отраслей во всех секторах, не связанных с возобновляемыми источниками энергии. Колоссальные размеры отраслей и компаний в сфере природных ресурсов стали следствием не только политической истории и обилия ресурсов как таковых, но и особой ресурсной географии: глобально значимые залежи углеводородов, угля и урана неравномерно распределены по евразийскому пространству России и в основном сконцентрированы в регионах, наиболее удаленных от центров сосредоточения населения. В результате развитие нефтегазовой, угольной и урановой отраслей требует значительных инфраструктурных капиталовложений для разработки месторождений, которые находятся в периферийных регионах. Тот факт, что лидер газовой промышленности Газпром контролирует порядка 40 000 километров газопроводов, можно считать следствием политико-экономической истории России, а также географии народонаселения и ресурсной географии страны, предрасположенной к «растягиванию» соответствующих инфраструктур. Эта особенность ведет к увеличению цикла «энергетика — общество»: чем больше средств Россия вынуждена вкладывать в энергетическую инфраструктуру (газопроводы, нефтеналивные порты и т. д.) для поддержания объемов производства, обеспечивающих определенный уровень доходов, тем меньше у нее остается возможностей для энергетического перехода от углеродной энергетики к безуглеродной.

Достижение целей энергоэффективности предполагает (по крайней мере на уровне дискурса) использование возобновляемых источников энергии (ВИЭ), поскольку они рассматриваются прежде всего как замена нефти и угля в национальном энергетическом балансе. Однако, несмотря на наличие законодательной базы для инвестиций в возобновляемые источники энергии, это труднодостижимая цель, и на сегодняшний день есть лишь несколько успешно реализованных проектов ВИЭ. Россия обладает всеми материальными ресурсами для того, чтобы стать «зеленым гигантом», но в настоящее время она сильно отстает от ведущих энергетических держав — ЕС, Китая и Соединенных Штатов — в развитии зеленой энергетики. Наконец, если судить по увеличению доли использования ВИЭ, то может создаться впечатление, что в России уже происходит энергетический переход, однако это объясняется исключительно низкой начальной базой.

«ЭНЕРГЕТИЧЕСКИЙ БАЛАНС» СЕГОДНЯ

Россия является крупным экспортером энергоносителей, и поступления от экспорта нефти, газа, угля, урана и атомных технологий составляют почти половину доходов российского бюджета. При этом топливно-энергетический комплекс производит около четверти ВВП страны. Около половины энергоносителей, производимых в России, потребляется внутри страны, что составляет 730 миллионов тонн в нефтяном эквиваленте (тнэ) из общего объема 1370 миллионов тнэ. С 1970-х годов существенно выросла доля природного газа в структуре энергетического баланса, и на сегодняшний день она составляет половину общего энергопотребления в России. Нефть обеспечивает примерно одну пятую часть потребности России в энергии, уголь — чуть меньше 20 %, а атомная энергетика — 6 %. Гидроэнергетика и возобновляемые источники энергии обеспечивают от одного до двух процентов от общей потребности в энергии, но при этом атомные и гидроэлектростанции обеспечивают почти треть производства электроэнергии в России, по 15 % соответственно. В производстве электроэнергии преобладает газ, доля которого составляет почти 50 %, хотя за последнее десятилетие она несколько уменьшилась, а атомная, угольная и гидроэнергетика производят примерно по 15 % электроэнергии в России (табл. 1.1).

Таблица 1.1. Общий объем поставок первичной энергии (ОООППЭ) в России [IEA 2018b]

Основные энергетические показатели, 2016 г.
Общий объем производства энергии: 1373,7 млн тнэ (природный газ 39,2 %, нефть 40,0 %, уголь 15,2 %, АЭС 3,8 %, гидро 1,2 %, биотопливо и отходы 0,6 %), +29,5 % с 2002 г.
ОООППЭ: 732,4 млн тнэ (природный газ 50,7 %, нефть 23,7 %, уголь 15,5 %, АЭС 7,0 %, гидро 2,2 %, биотопливо и отходы 1,1 %), +18,4 % с 2002 г.
Производство электроэнергии: 1088,9 ТВт·ч (природный газ 47,9 %, АЭС 18,1 %, уголь 15,7 %, гидро 17,0 %, нефть 1,0 %, биотопливо и отходы 0,2 %, геотермальные источники 0,1 %), +21,6 % с 2002 г.
ОООППЭ на душу населения: 5,2 тнэ, +21,4 % с 2002 г. ОООППЭ на реальный ВВП: 0,34 тнэ/USD 1000 ВВП ППС, –23,6 % с 2002 г.

Переход с тяжелой нефти и угля на газ в производстве тепла и электроэнергии стал чрезвычайно важным системным изменением в энергетическом секторе России. Это изменение имеет огромное значение не только из-за положительного эффекта для окружающей среды на локальном и глобальном уровнях (при сжигании газа образуется намного меньше загрязняющих веществ, негативно влияющих на здоровье людей и экосистему на локальном (SO_2, NO_x, сажа и т. д.) и глобальном (CO_2) уровне, чем при использовании нефти и угля), но и в отношении роли участников энергетических рынков и политики в области энергетики. Газовый сектор, следовательно, играет основную роль во всех сферах энергетической политики России: газ обеспечивает половину всего энергопотребления, и наряду с производством электроэнергии домохозяйства в высокой степени зависят от использования газа опосредованно для центрального отопления и непосредственно, так как газ широко применяется для приготовления пищи.

При этом в структуре энергопотребления наблюдаются значительные региональные различия: европейская часть России, за исключением Крайнего Севера, зависит от газа, атомной энергии и гидроэнергетики, тогда как регионы Сибири, особенно Дальний Восток, по-прежнему полагаются на уголь как основной источник энергии, хотя промышленные города в Центральной Сибири развивались вокруг крупных гидроэлектростанций, которые обеспечивают поставки первичной энергии для тяжелой промышленности в этих городах (Новосибирск, Красноярск, Иркутск и др.). Высокая зависимость от угля, особенно на российском Дальнем Востоке, влияет на различные аспекты региональной и даже внешней политики Кремля. Так, например, национальная программа по развитию газоснабжения «Газификация России» (см. главу 3) реализуется не только для того, чтобы повысить уровень газификации периферийных регионов европейской части России и снизить там уровень энергетической бедности, но и для того, чтобы связать сибирские и дальневосточные регионы и центры сосредоточения населения с «материковой» Россией. Эта связь чрезвычайно важна как для поддержания контроля над этими удаленными областями, так и для препятствования китайскому влиянию в этом регионе, который Москва рассматривает с геополитической точки зрения как потенциально сепаратистский (ср. [Wengle 2015: 10]).

Древесина традиционно является основным источником энергии во многих периферийных населенных пунктах в сельской местности, а также источником энергии и сырьем для российских лесопромышленных предприятий, расположенных в основном на Северо-Западе и в Южной Сибири. Потенциал России по использованию возобновляемых источников энергии огромен, но их доля составляет менее одного процента общего объема поставок первичной энергии (см. табл. 1.1). Однако с учетом экономической целесообразности при сегодняшних ценах и технологиях Россия могла бы производить порядка одной трети первичной энергии, используя возобновляемые источники [Shuiskii et al. 2010: 325]. Кроме того, более амбициозная политика позволила бы использовать возобновляемые источники энергии для удовлетворения всех потребностей России в электроэнергии [Bogdanov, Breyer 2015].

ЭКСПОРТ «МЕДВЕЖЬЕЙ» ДОЛИ

Россия экспортирует почти половину производимых энергоносителей — 640 млн тонн в нефтяном эквиваленте из 1370 миллионов, производимых ежегодно. Крупнейшими покупателями российских энергоресурсов по-прежнему остаются европейские страны, но растут и поставки в Китай. Государства — члены ЕС закупают примерно 60 %, или 330 млн тонн, добываемой в России нефти, что эквивалентно 75 % объема всей экспортируемой Россией нефти. Хотя с точки зрения экономики нефть является наиболее важным для сторон товаром, на первых полосах газет доминируют вопросы торговли и особенно споры по поводу газа. Россия производит приблизительно 600 миллиардов кубометров газа в год, но в отличие от нефти бо́льшая часть — порядка 70 % — потребляется в России. Газ является важнейшим энергетическим товаром в России и при этом наиболее значимым с точки зрения внутренней и внешней политики. В страны ЕС из России экспортируется примерно 200 млрд кубометров газа, что составляет треть всего производимого в России газа. Практически весь газ поступает в Европу по нескольким основным трубопроводам, по поводу которых ведутся политические споры: старым трубопроводам, проходящим через Украину, Белоруссию, Польшу и страны Центральной Европы, а также по новому трубопроводу «Северный поток — 1», который, по всей вероятности, в ближайшем будущем будет дополнен «Северным потоком — 2». В совокупности по этим трубопроводам, проложенным по дну Балтийского моря, будет перекачиваться до 110 млрд кубометров газа из России в Германию и далее на европейские рынки. В будущем российские газовые компании «Газпром» и «Новатэк» планируют экспортировать газ на европейские и мировые рынки в сжиженном виде (СПГ).

Помимо экспорта углеводородов — нефти и газа, а также продуктов нефтепереработки, газовых конденсатов и газа — Россия активно экспортирует уголь и уран. Основной рынок сбыта для российского угля и урана — Европейский союз. В России добывается около 300 миллионов тонн угля в год, и треть этого объема, или 100 миллионов тонн (что по энергосодержанию составляет 70 млн тнэ), закупается странами ЕС. Также значимыми для европейской энергетики являются объем (2150 тонн) и доля (15 %) российского урана [WNA 2016], используемого на европейский атомных электростанциях, часть которых построены по советским/российским проектам. В общем импорте энергоресурсов в страны ЕС доля России составляет примерно треть всего объема ископаемых видов топлива — нефти, газа и угля — во всех секторах экономики и одну шестую часть всего урана. Таким образом, Россия является важнейшим поставщиком энергоресурсов на европейские рынки и начинает активно продавать ископаемые виды топлива Китаю.

Как уже отмечалось выше, в России не наблюдается заметного увеличения внутреннего потребления возобновляемых источников энергии. Однако возобновляемая энергетика в России может стать конкурентоспособной уже через десять-двадцать лет. Например, 80–90 % производимого в России биологического топлива в настоящее время идет на экспорт. На данный момент крупнейшим импортером является Швеция, где в большом количестве частных домохозяйств для отопления используются древесные гранулы. Кроме того, крупными покупателями российских биоэнергетических ресурсов в последние годы стали такие страны, как Финляндия, Германия, Нидерланды, Дания и Италия [Aguilar et al. 2011: 90]. Для России, вероятно, имеет смысл экспортировать те виды возобновляемых источников энергии, которые пользуются спросом на внешних рынках, прежде всего — биотопливо, и перейти во внутреннем потреблении к замене ископаемого топлива неэкспортируемыми возобновляемыми источниками энергии, а также гидро- и атомной энергетикой. Быстрое развитие сектора возобновляемых источников энергии в ЕС и то, что Россия, по-видимому, планирует в большей степени полагаться на ВИЭ только после 2020 года [Министерство энергетики 2009: 23], создает взаимовыгодную ситуацию для этих партнеров в сфере энергетики, особенно в перспективе на ближайшие два десятилетия. В Энергетической дорожной карте (The Energy Roadmap 2050) [European Commission 2011a], подписанной сторонами в рамках Энергетического диалога ЕС — Россия [European Commission 2011b], прямо указывается, что Россия могла бы стать для стран ЕС поставщиком биотоплива и электроэнергии, получаемой из возобновляемых источников.

ИНСТИТУЦИОНАЛЬНЫЕ АКТОРЫ НА ЭНЕРГЕТИЧЕСКОЙ АРЕНЕ

Официальными органами, которые занимаются вопросами энергетики в правительстве Российской Федерации, являются Министерство энергетики (min-energo-gov.ru) и Министерство природных ресурсов и экологии (mnr.gov.ru). Первое определяет энергетическую политику, в частности Энергетическую стратегию России [Министерство энергетики 2009, 2017], а второе имеет полномочия на выдачу лицензий на разработку новых месторождений, например предоставляя права определенным предприятиям на доступ к месторождениям энергоресурсов. В Администрации Президента нет отдельного органа по вопросам энергетической политики, однако президент обладает законодательными полномочиями (посредством издания указов), которые применимы и в отношении энергетического сектора. При этом президент имеет возможность напрямую влиять на принятие решений относительно трех принадлежащих государству энергетических компаний — Газпрома, «Роснефти» и «Росатома», — которые являются главными акторами, определяющими энергетическую политику России.

Газпром — это открытое акционерное общество (ОАО), в котором государству с 2005 года принадлежит 50 процентов плюс одна акция. Газпром можно считать преемником советского Министерства газовой промышленности, и в настоящее время в компании, которая производит 70 % добываемого в России газа и имеет в своем портфеле финансовые и медийные активы, работает более 450 000 сотрудников. Хотя Газпром является коммерческим предприятием, а не государственной корпорацией, его скорее можно определить как компанию с участием государственного капитала. Говоря о Газпроме как о полугосударственной компании, можно предположить, что государство в рамках путинского режима реализует свои властные полномочия по принятию решений о деятельности предприятия в большей степени, чем это допускается юридическим статусом корпорации. Естественно, не все эти решения мотивированы политически, поскольку основной мотивацией для операционных решений компании является коммерческая целесообразность. Более того, Газпром — огромная корпорация, имеющая десятки региональных подразделений, цели и политические мотивы деятельности которых обусловлены реалиями тех или иных российских регионов. Как бы то ни было, все стратегические решения, особенно касающиеся крупных инфраструктурных проектов и деятельности за рубежом, принимаются окружением Путина. Коль скоро компания контролируется российской политической элитой, она имеет больше привилегий, а также больше определяемых государством социальных задач, чем любое другое предприятие в России. В 2010-е годы Газпром утратил свою монополию на экспорт газа и был вынужден предоставить другим компаниям, прежде всего «Новатэку», «Роснефти» и ЛУКОЙЛу, доступ к системе газопроводов внутри страны. Однако эта монополия все еще сохраняется на практике, несмотря на то что сейчас допускается больше конкуренции. В силу такого монопольного положения Газпрома у его конкурентов меньше возможностей увеличить свою рыночную долю в региональных энергобалансах или национальном рынке газа. Благодаря этому Газпром занимает исключительное положение в российском энергетическом секторе: он может блокировать развитие производителей возобновляемой энергии и угля в российских регионах, а также не допускать закачку нефтяными компаниями попутного нефтяного газа в национальную газотранспортную систему (подробнее о Газпроме см. главу 3).

Другой крупной компанией с государственным участием является «Роснефть», которая в основном занимается добычей нефти. «Роснефть» — крупнейшая в мире публичная нефтедобывающая компания по объему добычи, в ней занято более 250 000 человек, и она сопоставима с Газпромом по значимости для российской экономики и общества. Учитывая, что 50 % акций «Роснефти» принадлежит государству, ее также можно назвать полугосударственной компанией, несмотря на значительную долю частных и иностранных акционеров (BP и неизвестным офшорным компаниям принадлежит по 19 % акций). Эта национальная нефтяная компания, ставшая правопреемником компании Михаила Ходорковского «Юкос», активы которой отошли к государству в начале 2000-х годов, все больше подрывает газовую монополию Газпрома и второго крупнейшего производителя газа компании «Новатэк», которая является частной, но по-прежнему контролируется людьми, близкими президенту. «Роснефть» играет центральную роль в энергоэффективности добычи нефти в России, что существенно влияет на выбросы парниковых газов (ПГ) и другие экологические проблемы страны. Это связано с тем, что «Роснефть» производит две трети российской нефти и имеет самую низкую энергоэффективность в нефтяном секторе. Низкая энергоэффективность нефтедобычи наиболее очевидна в случае факельного сжигания попутного нефтяного газа (ПНГ) на месте добычи (см. главу 5).

Третий по значимости игрок на энергетическом рынке России — государственная корпорация «Росатом», которая занимается атомной энергетикой, а также производством ядерного оружия. По российскому законодательству деятельность «Росатома», в отличие от Газпрома и «Роснефти», не обязательно должна приносить прибыль. Как следствие, атомный гигант получает больше ресурсов и занимает более выгодное положение для продвижения и реализации определяемых государством целей в области энергетики, а также в сфере внутренней и внешней политики. В России атомная энергетика имеет приоритетное значение по отношению к возобновляемым источникам энергии и углю, но не по отношению к газу. При этом на международном уровне «Росатом» вполне конкурентоспособен и может способствовать усилению российского влияния благодаря весьма привлекательным предложениям по строительству атомных электростанций и поставкам урана (см. главу 4; [Tynkkynen 2016c]).

Разумеется, одним из основных акторов является российское общество в целом. Следует признать, что в силу авторитарного характера путинского режима российское гражданское общество как таковое не оказывает сколь-либо значительного влияния на формирование политики или выбранный курс — по крайней мере, в той степени, в какой акторы гражданского общества в либеральных демократиях влияют на политическую жизнь, например, посредством представительной (местные, общенациональные выборы) и прямой демократии (гражданские инициативы, лоббирование и протесты, деятельность НПО). Однако, несмотря на тот факт, что политическая и экономическая элита в России пользуется гораздо большей свободой, чем элиты в либеральных демократиях, в отношении реализации энергетической политики, основанной на их кровных интересах, сохраняется необходимость оправдывать решения и действия этой элиты перед российским народом с помощью различных практических и дискурсивных средств. Подробнее об этом речь пойдет в последующих главах.

ВИ́ДЕНИЕ ЗЕЛЕНОЙ И УСТОЙЧИВОЙ РОССИИ: КЛИМАТ МЕНЯЕТ ГЕОГРАФИЮ, ГЕОГРАФИЯ МЕНЯЕТ ПОЛИТИКУ

Как уже сказано, я намерен расширить дискурс о переплетении энергетики и власти за счет пространственно ориентированного подхода к энергетике и власти. Я полагаю, что с помощью такого теоретико-методологического подхода мы можем лучше понять Россию, страну, которая, по моему убеждению, способна вписаться в глобальный вектор позитивного и устойчивого развития. Исходя из этого, я бы хотел, чтобы эта книга стала стимулом для обсуждения возможных направлений развития России. Я утверждаю, что Россия страдает от множества социальных проблем из-за переплетения политической власти и ископаемой энергетики. Ископаемое топливо, нефть и газ не являются для России конкурентным преимуществом на мировой арене и тем более не являются благословением для российского руководства и народа. И хотя мой взгляд на текущее положение дел в России, ее ресурсы и энергетику достаточно критичен, но отнюдь не безнадежен или нигилистичен.

Я буду опираться на эмпирические исследования, чтобы объяснить, почему существующая система, основанная на добыче углеводородов, остается препятствием для развития России, а также чтобы показать, что Россия и российский народ могут выбрать иной путь и прийти к процветанию. В конце книги дается реалистичное ви́дение будущего, когда последствия изменения климата и расцвета экономики, которые сейчас кажутся столь незначительными большинству россиян и путинскому режиму, станут фактором, меняющим правила игры. Я уверен, что, несмотря на историческую инерцию основанного на ресурсах развития и обусловленного им авторитарного правления, Россия не является заложником своей географии. Точнее говоря, география и ресурсы — это активы России (как и любой другой страны), однако вызов заключается в том, чтобы не склоняться к самому соблазнительному и разрушительному варианту, как это происходит сегодня с нефтью и газом, но, опираясь на эти богатства, обеспечивать гибкое и устойчивое развитие страны и экологическое благополучие планеты. К сожалению, этот поворот лишь отчасти может стать результатом глобальных изменений в окружающей среде и особенно негативных социально-экономических последствий этого изменения для России. Однако эффект кнута будет сопровождаться эффектом пряника, и именно в этом важнейшую роль может сыграть потенциал России как «зеленого гиганта» или «великой экологической державы».

Кроме того, Россию можно считать энергетическим гигантом по потенциалу возобновляемой энергетики, и она способна трансформировать свою энергетическую систему и кардинально сократить выбросы в атмосферу (в настоящее время Россия находится на четвертом месте по объему выбросов ПГ [Korppoo et al. 2015]), давая при этом возможность другим странам, а именно Китаю и Европе, перейти от систем на основе ископаемых источников энергии к системам на основе возобновляемых источников. Этот системный переход и трансформация политического строя вполне могут реализоваться, поскольку они в достаточной степени соответствуют социально-культурному и политическому самовосприятию россиян. Исходя из этого, я утверждаю, что *имперское сознание*, или представление о России как о великой державе, свойственное многим россиянам, является активом, который можно использовать на общее благо населения России и всего человечества (см. [Tynkkynen N. 2010]). Другими словами, эта новая роль как нельзя лучше подходит России, поскольку коррелирует с национальной идентичностью россиян: идея великой державы, которая играет всемирную, даже мессианскую роль, всегда была ключевым элементом русской политической мысли (см., например, [Kivinen 2002]). Это означает, что Россия, наряду с другими великими державами, может стать одним из основных игроков в процессе перехода к климатически нейтральному миру. Угроза изменения климата становится реальностью, и именно особое положение России может способствовать положительным переменам в случае продвижения новой энергетической политики. В будущем Россия способна стать сильным игроком, устойчивым как внутри страны, так и за ее пределами. Однако для этого руководство России и россияне должны переосмыслить географические особенности страны и ее сильные стороны, что, в свою очередь, повлечет за собой глубокие изменения в политических приоритетах внутри страны. Глобальные климатические и экономические изменения подталкивают и в то же время вынуждают Россию перейти на путь позитивного развития, в котором энергетика и природные ресурсы будут по-прежнему играть важную роль. Однако совершенно разные пространственные и материальные условия, география и инфраструктура возобновляемых источников энергии могут способствовать переходу страны с авторитарным правлением на путь децентрализации, регионализации и федерализации. В этом случае важным активом становится вся территория России, а не отдельные точки в далекой сибирской тундре, где сегодня осуществляется добыча нефти и газа.

В настоящее время хроническая зависимость от ископаемого топлива, углеводородов и характерное стремление к централизации и укреплению вертикали власти делают Россию слабой с точки зрения экономической и внутренней политики вообще, и ее внешняя политика может стать непредсказуемой и опасной. Руководство страны старается избежать критики выбранной углеводородной культуры и ее экономического обоснования, разжигая националистические настроения среди россиян путем развязывания войны и действуя по мафиозным понятиям на международной арене. Этот общественный договор, по которому население получает крохи от богатства, создаваемого за счет продажи углеводородов, в обмен на отказ от участия в политической жизни, основывается на утверждении, что внешние угрозы, будь то культурные (либеральные ценности), экономические (декарбонизация) или геополитические (военное сотрудничество), объединяют россиян под лозунгами углеводородной культуры и России как осажденной крепости. Концепция и возможности новой энергополитической системы и ментальности — нации и экономики, которые способствуют, а не препятствуют глобальным изменениям в направлении устойчивого будущего, — основываются на представлении о том, что география России и ее главные активы, а также культурная и политическая мысль служат своего рода путеводной звездой.

Глава 2
Российская энергетика через призму пространства

Энергопотоки в мицелии власти

В этой главе энергетика России рассматривается как система пространственных отношений. Я анализирую потоки углеводородов, угля и различных возобновляемых источников энергии в географическом пространстве не в абсолютных величинах (тоннах и кубометрах), но исходя из их «способности» и практической возможности формировать экономические, политические и социальные связи и властные практики. Исходя из этого, в данной главе описывается концептуальный инструментарий, используемый в этой книге, а также предпринимается попытка свести воедино пространственные, материальные и властные аспекты энергетики. Кроме того, дается определение понятий «углеводородная культура» и «энергетическая сверхдержава», которые чрезвычайно важны для понимания того, каким образом в России переплетены ископаемая энергетика и политическая власть.

ПРОБЛЕМЫ ПРОСТРАНСТВЕННОГО РАЗМЕЩЕНИЯ УГЛЕВОДОРОДОВ

Географы утверждают, что внетерриториальный и точечный характер добычи углеводородов является основной причиной недостаточной социальной и экологической ответственности в государствах — производителях энергии [Watts 2004a, 2004b]. Добыча нефти и газа осуществляется в отдельных точках географического пространства, а затем добытые ресурсы доставляются потребителям по узким транспортным коридорам. Несмотря на то что современные общества «пропитаны» нефтью и газом и у нас возникла хроническая зависимость от них, углеводороды «затрагивают» лишь малую часть поверхности Земли на производственном этапе товарной цепочки. Конечно, потребление и (порочная) практика использования углеводородов в различных отраслях приводят к тому, что вся планета покрывается продуктами сжигания нефти и газа в виде сажи, серы, азота, летучих органических веществ и углекислого газа. Спорадическое распределение углеводородов в земных недрах и (особенно в случае России) расположение месторождений на периферийных территориях, вдали от поселений и общества в целом, способствуют формированию негативной зависимости от изначально выбранного пути. По утверждению Бриджа [Bridge 2010: 527–528; 2011: 317–319], существует несколько направлений, по которым в силу материальности нефти (и газа) возникают кризисные ситуации в нормальном функционировании отрасли. Они промаркированы ниже. В данном случае материальность углеводородов относится к конкретным материальным артефактам, таким как инфраструктура разработки месторождений нефти и газопроводы для транзита и распределения газа, а также к менее осязаемым, но все же материальным формам, таким как геология нефтяных и газовых месторождений, загрязнение воздуха и выбросы парниковых газов.

- Несоответствие между геологией углеводородных ресурсов и колоссальной инфраструктурой нефтяной промышленности приводит к скачкообразному развитию, поскольку никто не разрабатывает малые месторождения. Как следствие, основное внимание уделяется крупным месторождениям, расположенным в более экстремальных природных зонах и на больших глубинах, что, в свою очередь, сопряжено с серьезными экологическими и социальными издержками.

Российские углеводородные компании, в частности Газпром и «Роснефть», входят в число крупнейших в мире. Например, эти две полугосударственные компании получили монополию на разведку и добычу нефти и газа на арктическом шельфе и в некоторых регионах Восточной Сибири. Эти крупные энергетические центры с новыми месторождениями еще более отдалены (если это возможно) от российского общества, чем эксплуатируемые в настоящее время объекты. В случае России это скачкообразное развитие — когда большие объемы нефти и газа остаются в менее богатых старых месторождениях в энергетических центрах Волго-Уральского региона и Западной Сибири, — связано со структурой отрасли, как и предполагает глобальная теория. Географические особенности углеводородной энергетики — в частности, тот факт, что добываемые на периферии ресурсы не контролируются обществом, — неизбежно способствуют усилению авторитарного правления.

Эти рассуждения о пространственных эффектах углеводородной товарной цепочки отчасти базируются на аргументах, предложенных в теоретических дискуссиях о сырьевом проклятии или парадоксе изобилия. С этой точки зрения основное внимание уделяется тем пространственным эффектам, которые связаны с укоренившимся представлением о бесконечных запасах невозобновляемых ресурсов. Иначе говоря, этот пораженный сырьевым проклятием менталитет [Tynkkynen 2007; Watts 2004b] действует как своего рода катализатор для усиления территориальных эффектов. Такой менталитет порождает комбинацию дискурсов и практик, направленных на поддержание особой политической системы, которая сдерживает развитие всех секторов местной экономики, за исключением тех, которые основаны на углеводородах. В случае России социальные издержки связаны с дальнейшим поощрением экологически неустойчивых и политически безответственных практик.

- «Системные утечки» углерода в углеводородной товарной цепочке порождают экологические и социальные проблемы, от разработки месторождений до последующей транспортировки и обработки, как на местном, так и на глобальном уровне, от проблем со здоровьем, вызванных загрязнением воздуха, до глобального изменения климата.

Наиболее проблемным и, по всей видимости, характерным для страны негативным фактором углеводородной энергетики считается влияние «системных утечек» углерода на социум и окружающую среду. В случае России мы видим широкий спектр выбросов на протяжении всех углеводородных товарных цепочек. Выбросы парниковых газов в России составляют порядка 2000 миллионов т в пересчете на CO_2 (выбросы + 2644 млн т эквивалента CO_2 в год, поглощение парниковых газов (леса и т. д.) — 634 млн т эквивалента CO_2 в год), и по этому показателю страна занимает лишь четвертое место после Китая, Соединенных Штатов и Индии [Climate Action Tracker 2018]. Однако, к сожалению, по всем остальным «рекордным» показателям Россия лидирует в этом списке. В России происходит больше всего аварий на нефтепроводах — от 15 000 до 20 000 в год. Вместе с утечками при добыче и переработке нефти в окружающую среду попадает от полутора до пяти миллионов тонн нефти, т. е. до одного процента от общего объема добычи (см., например, [Thompson 2017; Vasilyeva 2014]). Добыча углеводородов в России сопровождается факельным сжиганием (т. е. сжиганием без производства энергии) попутного нефтяного газа в объеме от 10 до 20 млрд кубометров в год. Широкий диапазон оценок объема этих выбросов свидетельствует о тревожной ситуации: зависимый от углеводородов путинский режим не в состоянии осуществлять экологический контроль над отраслями, загрязняющими окружающую среду. Объем выбросов метана при добыче нефти и газа, а также при транспортировке газа остается «черным ящиком», поскольку нет надежных и прозрачных данных или текущих исследований относительно этих выбросов. Уже в силу самого размера газотранспортной системы — 40 000 км трубопроводов внутри России — нам необходимы достоверные знания о выбросах на всем протяжении углеводородных цепочек.

Кроме того, издержки, связанные с загрязнением окружающей среды на протяжении углеводородной товарной цепочки, в основном ложатся на плечи тех, кто не пользуется богатством и властью, полученными от торговли сырьевыми товарами [Bridge 2011: 318–319]. Другими словами, поток углеводородов усугубляет серьезный конфликт в обществе, в котором экономическое процветание и растущее благосостояние одной группы влечет за собой внешние последствия: например, проблемы с окружающей средой и здоровьем, затрагивающие людей и сообщества, находящиеся в менее привилегированном социально-экономическом положении. Кэмпбелл утверждает, что неспособность перевести этот конфликт из локального в глобальный контекст является наиболее серьезным препятствием на пути к устойчивому развитию и представляет существенную угрозу безопасности [Campbell 2003: 439–440].

В главе 5 рассматриваются последствия скачкообразного развития и системных утечек углерода в контексте российской Арктики, а глава 6 посвящена нарративу, который формируется зависимым от углеводородов режимом в стремлении обосновать причины, почему глобальная углеродная проблема не касается России и россиян.

- Молекулярная логика добычи углеводородов порождает власть над обществом за счет возможности контролировать нефтяные и газовые месторождения, а не благодаря управлению территорией. Следовательно, «география дыр» способствует выстраиванию логики насилия и обладания, затрудняя переход к справедливости и демократии.

Это пространственное измерение углеводородной России служит ключом к пониманию обусловленного ресурсами движения к более авторитарному правлению. Россия всегда экономически зависела от добываемых на периферии ресурсов, а потому неудивительно, что этот пространственный дрейф по направлению к ресурсам получил название внутренней колонизации [Etkind 2011]. Ресурсы были и остаются удаленными от России

как таковой, от густонаселенных областей в европейской части
и Южной Сибири — точно так же, как ресурсы Африки и Азии
были удалены от европейских метрополий. В Евразии ресурсы
были отделены болотами, реками и лесами, а не океанами, как
в случае с европейской колонизации. В царские времена и советскую эпоху, когда добывающие отрасли сначала были сосредоточены на таких ресурсах, как меха и древесина, а затем на рудах,
угле и драгоценных камнях, в регионах добычи в меньшей степени доминировало точечное производство и было занято пропорционально больше людей, чем в сегодняшней нефтегазовой
экономике путинской России. Большая численность рабочей
силы и географическое распределение ресурсов были более тесно
связаны с местными сообществами, и поэтому система управления и логика власти были другими. Например, важным фактором
демократизации и децентрализации в последние годы царской
России было зерно, производство которого охватывало обширную территорию и не было точечным, а спрос на него был достаточно высоким как внутри страны, так и за рубежом. Пространственное размещение этого ресурса, зерна, которое было самым
ценным экспортным товаром в дореволюционной России,
предопределяло тесную связь его производства и транспортировки с обществом и местными сообществами, деревнями, малыми и большими городами. Империя пыталась противодействовать децентрализующей силе сельского хозяйства посредством
крепостного права, но вскоре после его отмены именно с такой
формы местного самоуправления, как *община* или *мир*, начался
процесс децентрализации и демократизации снизу (см., например, [Далматовский монастырь 2016]). В сегодняшних углеводородной экономике и географии отсутствует сила, способствующая
децентрализации принятия экономических и политических решений, и потому нет условий для возникновения подлинно федеральной структуры управления.

• Потоки углеводородов из районов добычи к потребителям
  определяют «горизонтальную географию узких мест», поскольку обеспечение функционирования высокозатратных

и энергоемких углеводородных транспортных коридоров, таких как трубопроводы, создает широкие возможности для контроля.

Доставка нефти и особенно газа потребителям внутри России и за ее пределами осуществляется по контролируемым коридорам: они чрезвычайно протяженны, но немногочисленны. Это позволяет использовать энергетику в качестве инструмента как во внутренней, так и в международной политике. Потенциал политического влияния посредством энергетических потоков и инфраструктуры не был бы столь значительным без контроля трубопроводов со стороны государства. Однако нефте- и газопроводы в России контролируются государственными компаниями «Транснефть» и «Газпром» соответственно. Это создает широчайшие возможности для реализации власти через энергопотоки внутри России, используя как мягкую, подкупающую, так и жесткую, сдерживающую силу.

И вертикальное, и горизонтальное измерения углеводородных потоков способствуют пониманию географического пространства как контролируемых потоков ресурсов, а не как территории обитания сообществ. Используя предложенные Кастельсом [Castells 1999] понятия «пространство потоков» и «пространство мест», можно сказать, что углеводородная товарная цепочка акцентирует роль пространства ресурсных потоков по сравнению с пространством личных и общественных мест. Например, автомагистрали и аэропорты точно так же, как нефте- и газопроводы, рассматриваются скорее как *пространства потоков* с установленными правилами, а жилые районы — как *пространства мест*, которые сопротивляются правилам, связанным с пространствами потоков. Интересно, что, как мы увидим далее, государственные нефтегазовые компании в России пытаются сконструировать новое ощущение принадлежности к месту и сообществу, используя материальность углеводородов как основу для этой культурной и политической конструкции. Я утверждаю, что целью этой конструкции является создание *углеводородной культуры*. В целом контроль над важнейшими потоками энергии в мире, сильно зависящем от этих потоков и тесно связанным с ними, является инструментом, о котором может мечтать любая империя. Однако за эту власть — поскольку она противоречит глобальному нормативному требованию декарбонизации — приходится платить низкой адаптивностью режима из-за неустойчивости и ограниченной базы выбранной экономической политики.

В главе 3 рассматриваются реальные последствия географического распределения углеводородов в виде горизонтальных «узких мест» и вертикальных «дыр» на примере того, как энергетика используется в качестве инструмента сохранения России как унитарного государства. В международном контексте использование энергетики в качестве геополитического инструмента в равной степени является дискурсивным и практическим предметом. Далее анализируется нарратив энергетической супердержавы. В главе 4 на примере финско-российской дипломатии и торговли энергоресурсами рассматриваются практические проблемы энергетики как инструмента международной политики.

СТАНОВЛЕНИЕ УГЛЕВОДОРОДНОЙ КУЛЬТУРЫ

Путинская Россия очень сильно зависит от ископаемого топлива и других невозобновляемых природных ресурсов. После переизбрания Путина в 2012 году мы видим все более консервативную, авторитарную и самоутверждающуюся Россию [Gel'man, Appel 2015], чья экономическая политика все больше опирается на сектор ископаемой энергетики. Этим во многом объясняется изменение тона в отношении к климатическим изменениям и укрепление связи между ископаемой энергетикой и российской идентичностью. Иначе говоря, изменения в политических акцентах идут рука об руку с необходимостью определения России как «углеводородной державы» [Bouzarovski, Bassin 2011]. Энергетическая сверхдержава — это государство, способное влиять на политический выбор других стран экспортом энергоносителей, делая их зависимыми от поставок через энергетическую инфраструктуру, а также от экономических выгод, получаемых от торговли энергоносителями. Таким образом, для достижения этой цели одновременно используются средства принуждения и подкупа, жесткая и мягкая сила. В дискуссии о том, является ли Россия энергетической сверхдержавой, ключевой вопрос заключается в том, как Россия использует энергетику в качестве рычага давления во внешней политике в отношении основных потребителей российской энергии, прежде всего восточноевропейских соседей России и ЕС.

Главный тезис моей книги заключается в том, что энергетическое богатство и власть превратились в инструмент конструирования новой идентичности в России — в процессе становления углеводородной культуры. Экономическая и политическая зависимость от ископаемых источников энергии по своей природе очень сильна и затрагивает сферу культуры и идентичность народа. Этот концепт помогает понять не только то, почему ископаемая энергетика тесно связана с идентичностью, но и то, почему энергетика используется в качестве рычага влияния во внутренней и внешней политике и почему в путинской России не может появиться ответственная климатическая политика. Но следует помнить, что российская политическая и экономическая элита, по всей видимости, отлично осведомлена об экономических проблемах, связанных с углеводородной зависимостью и ограниченной экономической базой. Представители элит чувствуют, что эта зависимость — от экспорта сырья и импорта благ — представляет Россию как развивающуюся страну, что точно не вписывается в идею великой державы, которая находится в сердце российской национальной идентичности. Однако, как прекрасно показал Рутланд [Rutland 2015], большинство россиян воспринимают свою страну как энергетическую сверхдержаву: слабость однобокой экономики тем самым оборачивается ее силой. Как следствие, упомянутый выше инструмент конструирования идентичности, зависимый от энергетики и власти, должен использоваться последовательно, если режим Путина хочет укрепить статус России как сверхдержавы на основе углеводородов.

Я использую концепт углеводородной культуры, но схожие понятия предлагаются и другими учеными, исследующими переплетение энергетики, власти и культуры в России. Работы Ильи Калинина [Kalinin 2014], Дугласа Роджерса [Rogers 2012, 2015] и Питера Рутланда [Rutland 2015] вдохновили многих на схожие исследования с использованием самых разных эмпирических подходов. Предлагаемый мною подход к углеводородной культуре России основывается на моих исследованиях материальности углеводородов (в частности, газа) и их влияния на конструирование идентичности россиян как граждан энергетической сверхдержавы. Власть — реализуемая через трансграничные газопроводы и военный лексикон — формирует ядро способности причинить вред и внутри страны: газовая энергетика, инфраструктура и газовая промышленность определяются и рассматриваются так, чтобы подчеркнуть подчиненную роль людей и сообществ. Особые способы мышления и стратегические способы управления объединяются, чтобы построить специфическую государственность углеводородной культуры.

Государственный менталитет углеводородной культуры отражает многие консервативные устремления государства и режима, но наиболее важное из них — проведение консервативной экономической политики, основанной на добыче природных ресурсов и ископаемых видов топлива. Таким образом, углеводородную культуру можно рассматривать как инструмент предотвращения массовой критики экономической политики, которая напоминает политику развивающихся государств, а также выбранной экономической системы, которая все больше зависит от углеводородного сектора, в то время как роль России в мировой торговле сводится к роли поставщика сырья, «энергетического придатка» Запада. Как утверждает Рутланд [Ibid.], большинство жителей России считают свою страну энергетической сверхдержавой, но при этом выступают против обогащения элит за счет торговли энергоносителями, тогда как многие простые россияне фактически живут в энергетической бедности. Поэтому одна из причин внедрения дискурса и практик, которые придают особое значение углеводородам, заключается в необходимости изменить это впечатление и тем самым укрепить позиции путинского режима. Конструируемая углеводородная культура не только предопределяет экономическую и промышленную политики, не допуская их модернизации, но и поддерживает авторитарную, недемократическую систему правления и великодержавные амбиции российского режима. Таким образом, несмотря на то что вплетение энергетики и природных ресурсов в социальную ткань может иметь позитивные стороны — например, в плане искоренения энергетической бедности в сельской местности (с помощью национальной программы газификации), — возможные последствия этих практик в современной России вызывают у меня тревожные мысли. Например, объединение потребности в ископаемом секторе энергетики и ее рациональности с интересами внутренней и внешней политики текущего режима дает основания утверждать, что ископаемые источники энергии, энергетическая инфраструктура и разнообразные «эпифиты» позволяют государству создавать и поддерживать черно-белую картину национальной идентичности. Такие унифицированные идентичности ограничивают модернизацию российской экономики, подавляют политическую оппозицию в России и создают иллюзию, будто все и каждый на международной арене выступают против России.

Кроме того, углеводородная культура является антитезой устойчивому развитию России. Благодаря ряду внутренних и внешних факторов уменьшилась необходимость следовать международным экологическим нормам, и образ России как ответственного производителя энергии вызывает меньшее беспокойство, чем прежде. В результате возникает соблазн преуменьшить значимость целей климатической политики и продолжить формирование идентичностей на основе особого понимания роли углеводородов и ископаемой энергетики. В сущности, дискурс отрицания климатических изменений (см. главу 6) и продвижение углеводородной культуры — это две стороны одной медали: государство, сплетенное со смыслами и материальностями ископаемой энергетики и с создаваемым ею богатством (см., например, [Kalinin 2014; Tynkkynen 2016a]), вряд ли будет стремиться стать лидером климатической политики. Более того, формирующаяся энергетическая культура углеводородного гиганта пытается монополизировать и исказить экологическую повестку, что на практике превращает ее в социальное табу. Примеры подобного рода мы видим на региональном уровне, где государственные энергетические гиганты препятствуют выработке более устойчивой энергетической и экологической политики, а также на общенациональном уровне — в распространении нарратива, отрицающего климатические изменения, в контролируемых государством медиа. Кроме того, обострение конфронтации между Россией и Западом и экономические санкции, направленные против энергетического сектора, способствуют тому, что Россия всеми возможными способами стремится дистанцироваться от поддерживаемых Западом программ. Таким образом, поскольку климатические изменения очевидно связаны с экономической базой современной России и политической властью правящего режима, или, другими словами, с ископаемой энергетикой, неудивительно, что в такой геополитической ситуации возникает стремление рассматривать проблему через призму суверенитета и национальной идентичности.

В итоге маловероятно, что Россия покажет лидерство в глобальной климатической политике и будет в авангарде стран, сокращающих выбросы. Если она и станет лидером в глобальной климатической политике (или будет строго следовать ее принципам), то это произойдет только в силу внешнеполитических интересов путинского режима (например, чтобы поставить Китай в зависимое положение), а не потому, что в стране существует сильная гражданская оппозиция экономической, экологической и внешней политике Путина. Исходя из этого, в ближайшем будущем еще одним важным вопросом станет отношение режима Путина и его окружения, связанного с ископаемой энергетикой, к экологической проблематике и гражданскому активизму в сфере экологии. С этой точки зрения особый интерес представляют мероприятия в рамках Года экологии (2017) и других экологических проектов Российской Федерации. В частности, возникает вопрос, как государственные организации, например Русское географическое общество, могут использовать такого рода проекты, чтобы канализировать и контролировать настроения в обществе и расширение возможностей в сфере охраны окружающей среды и природы? Судя по выбору проектов, продвигаемых и финансируемых в рамках Года экологии, создается впечатление, что они в основном очень локальны: большинство проектов связаны с обработкой бытовых отходов и сточных вод, а также направлены на сокращение промышленного загрязнения. Несмотря на то что есть отдельная категория проектов под названием «Арктика и климат», ни один из проектов не направлен на смягчение последствий климатических изменений. Что свидетельствует о том, что режим выдвигает на первый план изменения окружающей среды, которые россиянам заметны (отходы, загрязнение воздуха), игнорируя при этом глобальные экологические изменения, которые будут иметь гораздо более серьезные последствия для россиян и России в целом. Климатические изменения, похоже, остаются одним из табу для режима.

(ПОТЕНЦИАЛЬНО) БЕСПЛАТНЫЕ ПРОСТРАНСТВЕННЫЕ ВОЗМОЖНОСТИ ВОЗОБНОВЛЯЕМОЙ ЭНЕРГЕТИКИ

Как показывают исследования Циммерера [Zimmerer 2011] и Бейлиса и Бака [Bailis, Baka 2011], пространственные эффекты возобновляемой энергетики в основном носят позитивный характер. Одна из наиболее пространственно экстенсивных частей возобновляемой энергетики — это биоэнергетика, которая может иметь значительные общественные и политические следствия, и потому имеет смысл рассмотреть эти эффекты именно на ее примере. Несмотря на то что энергоотдача от энергозатрат (показатель EROI) для большинства носителей биоэнергии недостаточно высока, выбросы CO_2 в процессе сбора урожая и очистки в основном невелики [Font de Mora et al. 2012]. Это означает, что «системная утечка углерода», по крайней мере в глобальных масштабах, не происходит в биоэнергетической товарной цепочке, поскольку углерод, выбрасываемый в атмосферу, перерабатывается в процессе роста новых растений. Однако производство биоэнергии оказывает различное воздействие на окружающую среду и, в частности, может привести к сокращению биоразнообразия в районе производства [Afionis, Stringer 2012: 116] и к повышению уровня загрязнения воздуха на этапе потребления энергии [Haluza et al. 2012]. По этой простой причине воздействие производства и использования биоэнергии из древесины на окружающую среду зависит от методов заготовки и рекультивации, преобладающих в регионе произрастания лесов, а также от применяемых технологий сжигания. То же относится и к скачкообразному развитию углеводородной отрасли: биоэнергию можно производить как путем экстенсивного использования ресурсов, так и с помощью методов устойчивого развития, направленных на получение стабильного возобновления ресурсов. Это верно и в отношении других возобновляемых источников — например, в отношении солнечной энергии и ветроэнергии: их влияние на климат зависит от общей устойчивости производственных и товарных цепочек. Например, для добычи металлов требуется много энергии, а для строительства инфраструктуры ветровой и солнечной энергетики необходимы другие природные ресурсы, хотя само производство энергии остается углеродно нейтральным.

Считается, что потоки ресурсов и логика развития территорий, связанные с древесной биоэнергетикой, повышают безопасность в производственных зонах и, в долгосрочной перспективе, в отношениях между поставщиком и покупателем энергии, поскольку заготовка древесины, прореживание и рекультивация затрагивают большие пространства и множество сообществ. В результате в регионах производства биотоплива занято гораздо больше людей, чем в регионах добычи углеводородов. Это, очевидно, способствует стабильности и безопасности; и поскольку крупномасштабные изменения в среде обитания и их влияние на местную экономику политизируют вопросы использования ресурсов, они становятся основой для политической активности и участия людей в принятии решений. Именно этот аргумент был поддержан Евросоюзом в Энергетическом диалоге ЕС — Россия [European Commission 2011b], в котором утверждается, что импорт биотоплива из России повышает стабильность и безопасность отношений между партнерами благодаря позитивным территориальным эффектам. То же относится и к другим возобновляемым источникам энергии, но логика здесь несколько иная: возобновляемые энергоресурсы имеют различные пространственные характеристики на протяжении товарной цепочки — в ее начале, середине и конце. Например, «просьюмеры», или профессиональные потребители, могут получать энергию от солнечных батарей, установленных на крышах своих домов, но при этом обеспечивать мощность в киловаттах, тогда как мощность централизованных солнечных электростанций измеряется десятками мегаватт. Их пространственное расположение, естественно, сильно разнится, как разнятся их возможности взаимодействовать с обществом и оказывать (позитивное) влияние на политическое и институциональное устройство. Это относится и к ветроэнергетике: мегаваттные морские ветроэлектростанции, которыми владеют и управляют транснациональные корпорации, естественно, имеют совершенно иную связь с сообществами по сравнению с ветряными мельницами, используемыми кооперативами в густонаселенной сельской местности.

Тем не менее в целом транзит от централизованных систем ископаемой энергетики к более децентрализованным возобновляемым источникам энергии в будущем повлечет за собой серьезные социальные изменения. Шолтен [Scholten 2019] указывает на шесть главных геополитических последствий перехода на возобновляемые источники энергии в глобальном масштабе. Во-первых, географически более распределенное производство энергии на основе возобновляемых источников ослабляет монополии и олигополии и усиливает конкурентные рынки за счет увеличения числа участников. Это означает, что монолитные и гигантские углеводородные индустрии будут заменены гибкими малыми и средними предприятиями, занимающимися возобновляемой энергетикой.

Во-вторых, переход к возобновляемым источникам приведет к децентрализации производства энергии: большие электростанции будут в основном заменены инфраструктурами производства энергии на уровне домохозяйств, предприятий и поселений. Такая децентрализация за счет возобновляемых источников энергии будет способствовать демократизации на местном и региональном уровнях и может заронить семена сепаратизма. Последнее, разумеется, рассматривается в качестве реальной угрозы в путинской России, где централизованная ископаемая энергетика в настоящее время используется как «клей» поддержания контроля центра над периферией, господства Москвы над регионами.

В-третьих, зависимость от важнейших полезных ископаемых (редкоземельных металлов) в отрасли возобновляемой энергетики, в особенности — в солнечной, меняет энергетическую геополитику. Например, Китай является бесспорным лидером по производству редкоземельных металлов — более 100 миллиардов тонн в год, тогда как Россия находится на третьем месте, производя всего лишь три миллиарда тонн [Kay 2018a]. При этом по оценкам запасов этих столь необходимых минералов Китай остается лидером с 44 триллионами тонн, а запасы России порядка 18 триллионов тонн составляют почти половину от ресурсов Китая [Kay 2018b]. Поскольку запасы этих металлов сосредоточены лишь в нескольких странах, эти последние подвергаются такому же риску сырьевого проклятия, как и в случае зависимости от добычи углеводородов. Однако влияние производства редкоземельных металлов на демократизацию и укрепление официальных институтов совершенно иное, поскольку инфраструктура солнечной энергетики гораздо более децентрализована.

В-четвертых, мир, в котором преобладают возобновляемые источники, — это мир электроэнергии. Энергетические системы будут в значительной степени базироваться на электроэнергии, поскольку транспорт в городах переходит от углеводородного топлива (бензин, дизельное топливо, керосин и т. д.) к электричеству, а уголь и в конечном счете газ — в качестве топлива для производства электроэнергии — будут заменены солнечной, ветровой, гидро- и геотермальной энергией. Это влечет за собой регионализацию энергетических отношений: наблюдается частичный отказ от глобальных сетей и их сокращение, чтобы освободить место для региональных сетей и энергосистем. Как утверждает Шолтен [Scholten 2019], регионализации будет способствовать страх зависимости, который, вероятно, приведет к слабому взаимодействию между энергосетевыми сообществами. Однако стимулы экономической и энергетической безопасности, которая может быть обеспечена надрегиональными сетями, скорее всего, подтолкнут национальные и региональные электросети к формированию более крупных структур. Ориентация на более крупные энергосетевые сообщества также создает взаимозависимости, которые оказывают «умиротворяющее» воздействие на всех акторов. Например, преимущество объединения электросетей ЕС, России, стран Центральной Азии, Китая и Индии — основных регионов производства и потребления электроэнергии на всем евразийском пространстве — заключается в том, что такая суперсеть может выполнять функцию хранилища энергии. Последнее может иметь особое значение: когда гидроэнергетика и новые средства накопления энергии используются как регулирующие источники энергии в интересах всей энергосистемы, это позволяет сбалансировать спрос и предложение экономически целесообразным способом. Следовательно, проблема естественных колебаний в производстве солнечной и ветроэнергии будет смягчена благодаря способности суперсети уравновешивать производство и потребление на территории, охватывающей 12 часовых поясов. От геотермальной Исландии до региона Северной Африки и Ближнего Востока (NAME) с его солнечными электростанциями и от европейского побережья Атлантики через Альпы, Урал и Гималаи вплоть до Тихого океана — в зоне запад — восток с высоким потенциалом для ветровой и для солнечной энергетики — суперсеть объединит людей, предприятия и страны.

В-пятых, увеличение доли возобновляемых источников энергии изменит характер и объем торговли энергоресурсами: вместо транспортировки топлива по всему миру электроэнергия, производство которой станет децентрализованным и в высокой степени локальным, будет передаваться по регионам. И наконец, в-шестых, это приведет к созидательной деструкции мировых энергетических рынков. Очевидно, что сегодня в этом процессе лидируют импортеры (ископаемого) топлива, а его экспортеры отстают. Ключевой вопрос заключается в следующем: способны ли экспортеры, подобные России, экспортеры, которые сильно зависят от продаж ископаемых ресурсов, реинвестировать богатство, которое они создают благодаря этим ресурсам, в возобновляемую энергетику?

ОТ БИОПОЛИТИЧЕСКОЙ К ЭНЕРГОПОЛИТИЧЕСКОЙ ПРАВИТЕЛЬНОСТИ

Правительность — понятие, впервые предложенное Мишелем Фуко в конце 1970-х годов, — это коллективный способ мышления о различных способах управления и особенно — об отношении управляющих к управляемым [Dean 1999; Foucault 1991]. Ученые используют концепт правительности не только для изучения систем государственного управления, но и для изучения негосударственных акторов, как, например, компании и организации гражданского общества [Rivera Vicencio 2014; Rooker 2014]. Различные формы правительности можно понять, изучая практики, которые объединяют действия и одновременно — коллективные способы мышления об управлении, преобладающие в конкретном месте, институте или государстве. Управленческие практики состоят из слов и действий, которые могут быть осознанными и намеренными, а могут и не быть таковыми. В любом данном контексте одни акторы находятся в более выгодном положении, чем другие, для продвижения своих риторических и материальных представлений о способе правления, которые порождают доминирующие дискурсы, представляющие определенные истины, или «режимы веридикции», как называет их Фуко [Foucault 2008: 35]. Вопрос, задаваемый в литературе о правительности, заключается в том, каким образом сознательное и бессознательное представление об «истине», интерпретируемой доминирующими дискурсами, создается как часть практики управления [Mills 1997: 2–8]. Анализ формы правления задается тремя основными измерениями: власть, истина и идентичность [Dean 1999: 18], и для такого анализа необходимы экспертиза, воображение и тактические навыки [Foucault 1991: 87].

Динамическое понимание власти у Фуко и его особое внимание к дискурсам и практикам, а также акцент на стратегическом мышлении и действиях (т. е. правительности) тех, кто находится у власти, хорошо подходят для изучения взаимосвязи социального и природного/материального в сфере энергетики. Согласно Мосс [Moss et al. 2016], фукольдианский диспозитив, контекст, в котором функционирует и может быть проанализирована правительность, включает в себя агентность неодушевленных объектов и артефактов, но эта агентность реализуется дискурсивно: материальное становится значимым только через дискурс, иначе говоря, после того как получает значение внутри социального. Оригинальный фукольдианский диспозитив относился к «гетерогенному ассамбляжу», в котором соединяются дискурсы, нормативно-правовые акты и «архитектурные формы» [Foucault 1980]. Хотя материальное и пространственное измерения не являются главными в фукольдианском анализе власти, существует достаточно много теоретических работ в этой области (см., например, [Crampton, Elden 2007]).

В этой книге я рассматриваю энергетическую политику России (например, общероссийскую газовую программу, реализуемую Газпромом), российскую энергетическую дипломатию в международном контексте и практики формирования знаний о климатических изменениях как проявление двух взаимосвязанных аспектов дискурса. Первый аспект — это план действий, представленный, например, в национальной программе «Газификация России» и в описании мероприятий Года экологии (2017), которые призваны донести историю о предполагаемом всеобщем одобрении стратегии социальной ответственности государства и его сторонников. Во-вторых, этот дискурс касается коллективного «менталитета», преобладающего в энергетических компаниях и энергетическом секторе, которые тесно связаны с действиями и мышлением режима президента Путина. В либеральном обществе управление осуществляется главным образом посредством биополитической тактики, поскольку дисциплинарная власть противоречит его базовым принципам индивидуальной свободы. В системе, определяемой биополитической властью, целью управления является улучшение здоровья, благосостояния и качества жизни людей [Dean 1999: 20]. Следовательно, биополитическую правительность следует рассматривать как неотъемлемую часть логики действий неолиберальных государств, включая Россию. На сегодняшний день существует обширная литература, посвященная формам правительности в Советском Союзе и постсоветской России (см., например, [Kharkhordin 1999; Matza 2009; Prozorov 2014]. Однако эти исследования имеют одно существенное ограничение: в них в явном виде не рассматриваются материальные и пространственные аспекты власти.

Стивен Коллиер [Collier 2011] в своей работе «Post-Soviet Social», напротив, применяет эксплицитно материалистический подход. Он утверждает, что постсоветская Россия являет собой яркий пример страны, где цели социального государства, вытекающие из целей и норм советской эпохи, и цели классического либерализма объединяются, и исходя из этого объединения формируются модерные биополитические практики. Коллиер соглашается с большинством исследователей постсоветской власти в том, что формы правительности в России сегодня являются неолиберальными, но с элементами деполитизирующего искривления: считается, что возложение ответственности на отдельных лиц приносит пользу экономике государства, но не освобождает и не демократизирует государственное управление. Соответственно, как полагают Коулман и Агню [Coleman, Agnew 2007: 332], сегодня в России не наблюдается резкого перехода от целей модерна к целям, логике и действию постмодерна; скорее мы видим взаимное включение и адаптацию и тех и других целей. Но в связи с этим возникает вопрос, как именно происходят эти преобразования. Через какие сетевые и посреднические структуры перестраиваются формы правительности в постсоветской России? Учитывая важность энергетической экономики России, исследователи рассматривают энергетические компании и «энергетическую элиту» как важные объекты анализа, чтобы на этот вопрос ответить.

Ученые, занимающиеся изучением энергетики, ввели понятие «энерговласти», объединив традиционные исследования материальной культуры с критическими социологическими исследованиями энергетики. Бойер определяет энерговласть как «генеалогию современной власти, которая переосмысляет политическую власть через аналитику электроэнергии и топлива». Энерговласть — это «дискурс... который выявляет сигналы энергоматериальных передач и преобразований, встроенных во все другие социально-политические феномены» [Boyer 2014: 22–23]. Исследование энерговласти и энергополитики, следовательно, означает выявление случайных и меняющихся связей между управлением жизнью и материальностью энергетики, с которой жизнь всегда переплетена. Например, Роджерс [Rogers 2012, 2014] исследует, как российские энергетические компании используют материальность нефти и газа в пользу укрепления лояльности населения на локальном и национальном уровнях, задействуя свою власть для выстраивания истины и идентичности. Все современные биополитические технологии в конечном счете так или иначе «подключены» к энергетическим системам. Энерговласть — это аналитический инструмент, который может помочь нам понять, как взаимосвязаны власть и материальность энергетики: все это о том, как заинтересованность государства в поставках энергоносителей связана сразу и с собственно биополитическими целями обеспечения биобезопасности населения, и с осуществлением контроля над населением и накоплением богатства за счет поддержания потоков электроэнергии в сетях и углеводородов в трубопроводах.

Концепт энерговласти особенно полезен, например, при изучении газпромовской программы «Газификация России» (см. главу 3), ибо та определенно свидетельствует о бинарной природе современных энергетических систем, которые одновременно даруют возможности и ограничивают их. Современные энергетические системы и их расширения (например, объекты коммунальной инфраструктуры) — это средство обеспечения коммунальных удобств и контроля за населением. Используя прежде всего географический подход, я пытаюсь развить фукольдианский анализ власти в сфере энергетики с помощью концепции геоправительности. Меня интересует, какого рода истины и идентичности конструирует Газпром с помощью своей программы газификации по мере ее распространения на периферийные регионы России. В этой перспективе цель моего исследования состоит в том, чтобы лучше понять, какого рода практическая власть, какие дискурсивные истины и культурно-политические идентичности конструируются внутри и вокруг энергетических потоков и связанных с ними материальностей и каким образом эти формы политической власти обусловливают наше понимание энергетики как социального феномена. В частности, мое исследование российской национальной газовой программы описывает, как с помощью властных дискурсов создается основанная на газе геоправительность [Tynkkynen 2016a]. Следуя логике Марго Хаксли [Huxley 2007], я рассматриваю вопрос о том, как специфические ресурсы и пространственные условия и материальности становятся элементами дискурсивно-практического использования власти или правительности. Приставка «гео» в данном случае указывает на намеренное использование географических характеристик газа в процессе создания и поддержания желаемой правительности. Формы рациональности и практики такой правительности на основе углеводородной культуры функционируют на нескольких пересекающихся уровнях: субъект увязывается с территориями и нацией благодаря углеводородам; на индивидуумов возлагается ответственность за биобезопасность населения; и даже глобальная повестка используется для легитимизации сильной зависимости от углеводородов.

С помощью концепта геоправительности мы можем точнее определить границы материальности энергетики. Для этого важно включить в рассмотрение не только энергетическую инфраструктуру, но и ее «эпифиты» — «вспомогательные аппараты и инфраструктурные объекты, как, например, спортивные сооружения», — которые «могут использоваться в качестве каналов реализации дисциплинарной власти» [Tynkkynen 2016b: 78]. Такая точка зрения ставит под сомнение общепринятое понимание материальности энергетики как относящейся только к тем объектам, которые связаны с добычей, переработкой, транспортировкой и потреблением энергоресурсов. Другими словами, я утверждаю, что социальная инфраструктура, построенная и обслуживаемая энергетическими компаниями или министерствами, может рассматриваться как материальность энергетики, в особенности когда та непосредственно связана с дискурсами власти, использующей материальность энергетического сектора как инструмент конструирования и поддержания этих дискурсов. Рассматриваемые в этой книге случаи призваны напомнить нам о различных способах, посредством которых материальное и дискурсивное конституируют друг друга: ни энергетические материальности не определяют политику, ни дискурс не остается незатронутым агентностью материальности. Так, одни инфраструктурные формы или физические и экономические связи не предопределяют дискурсы или политику и использование власти. Схожим образом дискурсы об энергетических материальностях могут переформатировать наше понимание этой материальности. Рассматривая дискурсы, инспирированные материальностью, мы можем понять, как эта материальность используется теми, кто занимает властные позиции. Принципиально важно то, что эти энергетические констелляции поддерживаются способами, посредством которых материальность и дискурс конституируют друг друга.

Глава 3
Энергетика
как внутренняя власть

Программа «Газификация России»

Эта глава исходит из моего интереса к крупным российским компаниям, занятым добычей ископаемого топлива, как к инструменту продвижения широкого спектра государственных целей, охватывающих социальные явления от экономики до политики и от культуры до идентичности. Основное внимание уделяется тому, как углеводородная энергетика, в частности газовая отрасль, которая занимает центральное место в России, переплетается с общественной и политической властью и как материальные и пространственные особенности углеводородов используются для выстраивания и поддержания системы власти внутри России.

ПРИОРИТЕТЫ ГОСУДАРСТВА В КОРПОРАТИВНЫХ СТРАТЕГИЯХ ПРАВИТЕЛЬНОСТИ ГАЗПРОМА

Газпром, созданный как правопреемник советского Министерства газовой промышленности, с 2005 года является открытым акционерным обществом, контрольный пакет акций которого принадлежит государству (50 % плюс одна акция). В настоящее время в корпорации трудится более 450 000 сотрудников, и, помимо энергетического сектора, Газпром активно работает в сфере финансов и средствах массовой информации [Gazprom 2015c].

Несмотря на то что технически это коммерческое предприятие, Газпром, учитывая его прочные связи с российским правительством, можно определить как «полугосударственную компанию» (в отличие от полностью контролируемого государством атомного гиганта «Росатом»). Будучи полугосударственной компанией, Газпром подчиняется решениям государства и окружения президента Путина — в значительно большей степени, чем можно было бы предположить, исходя из его правового статуса корпорации. Все основные стратегические решения, операции за рубежом, крупные инфраструктурные решения и национальные программы, как, например, программа «Газификация России» и другие виды деятельности в рамках корпоративной социальной ответственности, принимаются с благословения Путина и его приближенных. Это не означает, что принятие решений в компании полностью политически мотивировано: ее руководители явно демонстрируют, что принимаемые операционные решения мотивированы интересами бизнеса [Kivinen 2012]. Более того, Газпром — это огромная корпорация с десятками региональных дочерних компаний, каждая из которых выполняет разные задачи и имеет разные политические цели, действуя в российских регионах или на международном уровне [Gazprom 2015b]. Но в целом, анализируя практику корпоративной правительности Газпрома, следует помнить, что мы имеем дело с полугосударственной компанией, которая управляется элитой страны и, следовательно, пользуется привилегиями в российском экономическом и политическом контекстах, — привилегиями, недоступными ни для одной другой компании.

Таким образом, Газпром занимает исключительное положение в российском энергетическом секторе. Однако в 2010-х годах Газпром юридически утратил монополию на экспорт газа и контроль над внутренней системой газопроводов. Другие производители газа, как, например, частная газовая компания «Новатэк» и нефтяные компании, теперь имеют право поставлять газ в национальную систему и экспортировать его. Несмотря на то что в настоящее время допускается усиление конкуренции, Газпром сохраняет свои монопольные преимущества, что снижает шансы конкурентов на увеличение своей доли на региональных энергетических рынках [Tynkkynen 2014]. Поскольку Газпром больше не может доминировать в российском энергетическом секторе, его руководители осознают необходимость участия в мероприятиях по продвижению своего бренда и имиджа (например, посредством реализации программ социальной ответственности и строительства инфраструктуры), чтобы сохранить свои позиции — как на рынке, так и в сознании россиян. Понимая, что последнее приобретает все большее значение, руководство Газпрома проводит множество различных мероприятий в сфере корпоративной социальной ответственности. Одним из основных направлений этой деятельности является спонсорская поддержка спорта [Gazprom 2015a]. В социальном государстве, которым якобы был Советский Союз и якобы является Россия, ответственность за развитие коммунальной инфраструктуры, включая общественные спортивные сооружения и медицинские учреждения, традиционно делегируется местным и региональным органам власти. Таким образом, возложив на себя ответственность за развитие таких объектов, Газпром сам взял на себя обязанности, которые обычно считаются задачами правительства. Далее я подробнее остановлюсь на том, почему рекламный ролик программы «Газификация России» следует рассматривать и как особое проявление правительности, связанной с энергетикой и географией, и как проявление энерговласти в рамках углеводородной культуры, формирующейся в путинской России.

ПАТРИОТИЧЕСКИЙ, САКРАЛЬНЫЙ И ГЕНДЕРИРОВАННЫЙ ПУТЬ ГАЗА: ОТ ПОЧВЫ — К ДУШЕ

Цель этого видеоролика, как указано в сопроводительном тексте, состоит в том, чтобы показать, как производится, перерабатывается и доставляется конечным потребителям газ, используемый на кухнях россиян. Повествование начинается в сельской местности в Ивановской области — с утверждения, что «немногие из нас задумываются о том, как производится газ, расходуемый в наших плитах» и какой он проходит путь, прежде чем попасть в дома людей. Затем в стиле документальных фильмов National Geographic показывается, как репортер, молодая женщина, посещает места, расположенные вдоль пути, по которым проходит газ. Сравнивая выбранный стиль и идеализированные картинки постсоветского кино, я вижу, что нарратив «Газификация России» отчасти наследует популярному патриотическому жанру, но нельзя сказать, чтобы тот доминировал в сцене на момент создания видео, как это описывает Норрис [Norris 2012]. Тем не менее по своему характеру этот видеоролик далек от националистически-патриотического пафоса многих постсоветских фильмов, снятых в путинскую эпоху, и сделан очень профессионально по сравнению с множеством квазинаучных документальных фильмов, преобладавших на российском телевидении в течение предыдущего десятилетия. Более того, его стратегическая направленность проявляется еще и в том, что в нем нет тонких линий раскола, которые мы видим на российском государственном телевидении (ср. [Hutchings, Tolz 2012]).

Ведущая берет интервью и беседует с разными людьми: здоровыми, крепкими газовиками на производственных площадках полуострова Ямал, в суровых зимних условиях; инженерами на безупречно чистых компрессорных станциях; учтивыми и состоятельными директорами в московской штаб-квартире Газпрома; хорошо экипированными сварщиками и экскаваторщиками на строительстве магистральных газопроводов и распределительных сетей; главами муниципалитетов и обычными матерями в живописной российской деревне — матерями, которые счастливы тем, что им провели газ. Газпромовский рекламный ролик заканчивается теплым и солнечным летним днем, возвращаясь к объектам поставки и потребителям газа в Ивановской и Калужской областях.

На мой взгляд, Калужская и Ивановская области не случайно выбраны в качестве конечных точек. Это ближайшие к Москве «периферийные» регионы. Как можно узнать, например, из обсуждений в российских социальных сетях, одним из основных пунктов критики государства и путинского режима является их неспособность обеспечить живущих на периферии россиян такими же социально-бытовыми удобствами, какие доступны жителям крупных городов (см., например, [Лежнев 2014; Русский АД 2015]). Поэтому выбор регионов в газпромовском фильме хорошо согласуется с необходимостью опровергнуть мнение о том, что в 200 километрах от Москвы нет газа и Россия остается всего лишь «энергетическим придатком» Запада (ср. [Rutland 2015: 75]). Этот выбор оправдан еще и тем, что помогает сгладить общественное недовольство правящей элитой и выбранной экономической системой, которая все больше зависит от углеводородной отрасли [Gustafson 2012: 493]. Как утверждает Рутланд [Rutland 2015: 75–76], большинство жителей России считают свою страну энергетической сверхдержавой, но при этом выступают против обогащения элит за счет торговли энергоносителями, тогда как многие простые россияне фактически живут в энергетической бедности. Поэтому еще одной причиной для создания видеоролика «Газификация Россия» была необходимость изменить сложившееся мнение и укрепить позиции путинского режима.

Наиболее очевидная цель этого рекламного ролика — убедить аудиторию в том, что газ является надежным и поистине российским источником энергии, показав при этом, что добыча и доставка газа в населенные пункты и в конечном счете потребителям — нелегкая задача. С самого начала трудности, которые необходимо преодолеть, и жертвы, которые необходимо принести, как всей стране, так и отдельным людям, создают у (российских) зрителей ощущение вины. Через весь фильм проходит почти сакральное послание: россияне должны всегда помнить о важности газа для общества и о трудностях, которые необходимо преодолеть, чтобы доставить газ из районов Крайнего Севера в российскую деревню. На протяжении всего видео, когда рассказывается о разведке газовых месторождений, добыче газа, строительстве магистральных и распределительных газопроводов, неоднократно повторяются слова «трудно» и «тяжело».

Освещающее путь газа путешествие — от газовых месторождений к потребителям — начинается в сельской местности Ивановской области на кухне типичного деревенского дома на одну семью, где на газовой плите кипятится чайник. Философский вывод заключается в том, что газ связывает россиян с родной страной и ее географией: газ поступает с «необитаемых» территорий (Ямал) в этнический и культурный центр России. Таким образом, газ как товар и газопроводы, по которым он транспортируется, имеют жизненно важное значение для россиян. Чтобы убедить зрителя, в видео используются как элементы советской модернизации, так и элементы православной традиции. Нарратив строится на идее, что газ идет из Российской земли, от природы, уже покоренной советским обществом в процессе модернизации, — при этом особое внимание уделяется работе советских геологов. Соответственно, конечный пункт потребления газа — традиционная русская деревня с силуэтом православной церкви на линии горизонта и деревянными домами, выкрашенными в синий цвет, — находится почти в самом сердце России, Древней Руси.

На протяжении всего видео происходит своего рода нормализация: с помощью визуальных, звуковых и речевых средств люди, а также местные и региональные власти, которые поддерживают развитие газовой инфраструктуры, представлены как истинные россияне. Люди и сообщества, которые выступают против такого развития, показаны как отклонение от нормы. Нам дают ясно понять, что люди и сообщества, которые отказываются от газа как источника энергии, ответственны за сохранение России в премодерновом состоянии — с бедной национальной экономикой и низким качеством жизни населения. В качестве иллюстрации путешествия газа используется широкий спектр национальных и географических образов: в своем путешествии газ связывает геологию, экономику, культуру и даже богословие России. Не используя религиозную фразеологию, авторы с помощью выбранных образов и пейзажей утверждают, что российский газ течет из русской почвы в русскую душу.

В литературе, посвященной влиянию углеводородов на общество, подчеркивается особая их материальность и пространственность в сочетании с доминированием этого сектора в национальной экономике — особенно в России. Это помогает нам лучше понять географическое пространство как контролируемый поток ресурсов, а не как территории, на которых живут человеческие сообщества (см., например, [Bridge 2009, 2010, 2011; Watts 2004a, 2004b]). Используя понятия, предложенные Мануэлем Кастельсом [Castells 1999], можно сказать, что углеводородные товарные цепочки являются важным фактором жизни общества, когда *пространство* (контролируемых) *потоков* имеет большее значение, чем *пространство* (обитаемых) *мест*. Вероятно, такое понимание географического пространства учитывалось создателями видео «Газификация России»; по крайней мере, в фильме есть намеки на это. Идентичность потребителей газа или жителей населенных пунктов, подключенных к газораспределительной системе, конструируется за счет определенного «ощущения места», которое черпает свою силу из материальных характеристик самого газа, а также из способности газовой инфраструктуры объединять людей, поселения и нацию. Газ идет от русской почвы к русской душе, создавая ощущение русского места. Однако это место в конечном счете обезличено, поскольку многочисленные местности газовой державы с помощью изображений, карт и дискурса представлены как идентичные. Этот обезличенный образ России хорошо согласуется с одной из главных целей путинского режима — представить территорию России как культурно и экономически однородную, чтобы нивелировать региональные идентичности и исключить сепаратистские настроения (ср. [Laruelle 2014a: 7–9; Warhola, Lehning 2007: 934]).

Такое этнокультурно окрашенное обращение к аудитории подчеркивается выбором гендерных ролей. Все интервьюируемые специалисты и директора, которые имеют какое-либо отношение к добыче, транспортировке, обработке и контролю газа, — мужчины. Единственные женщины, которых мы видим, — это журналистка, которую съемочная группа сопровождает в мир газа, где доминируют мужчины, в результате чего создаются своего рода отцовско-дочерние отношения; женщина-врач, которая заботится о здоровье и хорошем самочувствии газовиков в суровых арктических условиях; матери, у которых берут интервью, когда в их деревню и дома подводят газ; и девушки, которым отведена особая роль в деревенском празднике по случаю первого зажигания газа. Таким образом, газовая индустрия опирается на консервативные российские ценности и способствует их укреплению. Тяготы мужчин, вызванные суровой и изолированной жизнью на удаленных газовых месторождениях и объектах строительства газопроводов, компенсируются тем, что мужчины владеют ситуацией и занимают руководящие должности. Женщины находятся под контролем и покровительством мужчин, компании и государства, но обладают определенной значимостью как целительницы, потребители газа и матери новых поколений россиян. Эти гендерные роли отчасти восходят к советской практике и культуре. Женщины рассматриваются как высокообразованные профессионалы и одновременно как матери и «королевы красоты», а мужчины представлены либо как начальники, либо как мужественные производственные рабочие. Вместе с тем эти роли вполне вписываются в нынешний консервативный уклон в российском обществе и политике. Как указывает Макарычев [Makarychev 2013: 247], российское руководство утверждает, что Россия становится «оплотом консервативного мира». Неудивительно, что полугосударственный Газпром и газовая индустрия в целом рассматриваются как гаранты этого российского сочетания неоконсервативных и традиционных патриархальных ценностей. Очевидно, что газ является субстанцией с ярко выраженной гендерной окраской, и он задействован в создании и поддержании особой формы геоправительности.

В конструируемом нарративе явно обыгрываются национально-географические категории. Проведенный анализ видеоролика помогает выделить структурные элементы геоправительности Газпрома. Газ как ресурс — учитывая его пространственные и материальные характеристики (геология газовых месторождений, газовые сети, хабы, трубопроводы, линии распределения и связи поставщиков и потребителей), а также прямые (генерация тепла и энергобезопасность) и косвенные соображения (модернизация, экономический рост, обещание покровительства и традиционные ценности) и «работу» газа — является основой правительности могущественного российского предприятия. Как и Уоттс в своем исследовании Нигерии [Watts 2004b: 53–54], я показываю, как формирование правительности происходит на базе различных смыслов, приписываемых углеводородным ресурсам. Вопрос, которым я задаюсь, следует логике, предложенной Марго Хаксли [Huxley 2007: 194] (см. также [Whatmore 2003: 26, 33]). Она призывает нас *заново*, исходя из наличествующего географического контекста, спросить: как определенные ресурсы или пространства выступают в качестве *агентов* в рамках дискурсивно-практического использования власти, т. е. правительности? Эта «агентная» роль пространства и его материальности связывает концепт геоправительности с акторно-сетевой теорией Латура и с более широкой областью исследований науки и технологий, которые рассматривают роль материальных объектов и технологий в жизни людей, культуре и политике.

Газпромовский видеофильм демонстрирует, как происходит наложение различных измерений правительности и географии. Точно так же Легг [Legg 2005: 147–149] развивает описанную выше триаду Дина «власть — истина — идентичность» и применяет географически обоснованную правительность, называя пять «измерений режимов правления»: определенные стили мышления и понимания реальности, конструирование одних форм субъективности (и отказ от других), стратегические технологии управления и ценности конкретного правительства. Конструируемые формы субъективности в видео связаны с характерными для Газпрома способами мышления, пониманием реальности и ценностями — стратегической технологией управления. Более того, эти различные измерения правительности были проанализированы на основе изучения одной программы правления, которая, как указал Легг [Ibid.: 145–146], может функционировать на разных уровнях: как отдельный субъект, как территория, как нация, как популяция и глобально. В этих измерениях и на этих уровнях правительности география (пространство, территории, окружающая среда, ресурсы, технологии и инфраструктура) действительно играет определенную роль, и мы можем раскрыть эти связи и роли, анализируя газпромовскую программу распределения газа, представленную в рекламном ролике. Это видео я рассматриваю как презентацию конкретной программы правления (программа «Газификация России») и как материал для исследования, изучение которого дает нам возможность взглянуть на способ мышления, формы рациональности, ценности и действия «правительства» — полугосударственной энергетической компании, наделенной значительной властью в российском политическом контексте. Как мы видим, властные дискурсы и практики, связанные с программой газификации, действуют на всех уровнях, описанных Леггом, связывая личное с национальным и территориально-глобальным — тем самым соединяя географию с реализуемой правительностью.

ГАЗ И БИОПОЛИТИЧЕСКИЕ ЦЕЛИ

Основной посыл газпромовского видео направлен не только на определенную субъективацию, но и на создание новых обязанностей, которые традиционно входили в сферу ответственности государства. Каждый россиянин должен принимать участие в деле строительства общенациональной газовой системы. Тем самым национальная задача превращается в личное дело каждого гражданина. Фильм убеждает россиян — от матерей до глав муниципальных образований — в необходимости воспринимать главную биополитическую проблему, стоящую перед государством, — обеспечение населения энергией и теплом — как их *личную* проблему. Подразумевается, что если мы (россияне) не думаем позитивно о газе и не хотим, чтобы он пришел в нашу деревню, то мы предаем наших соотечественников и препятствуем благополучию других людей. Температура в доме прямо упоминается как проблема, которую можно решить с помощью газа. Более того, низкая температура в доме связывается со здоровьем детей, будущих поколений. Неудивительно, что в рекламном ролике Газпрома другие виды топлива, например биотопливо и/или уголь, которые могли бы быть перспективными в некоторых регионах, представлены как источник проблем, решаемых с помощью газа. Эти местные и региональные источники энергии демонизируются как якобы имеющие негативные социальные последствий.

Такой нарратив искусно обыгрывает тему дефицита. В российском контексте вопрос «дефицита» газа связан не только с базовыми потребностями, но имеет отношение к национальной идентичности. Идея дефицита газа переплетается с аналогичными национальными идеями и ожиданиями. Российская национальная идентичность в последнее время выстраивается таким образом, чтобы связать изобилие углеводородов в России с модернизацией российского общества и великодержавными устремлениями, которые поощряются и легитимизируются этим энергетическим изобилием [Bouzarovski, Bassin 2011: 784, 787–788]. Основная привлекательность программы «Газификация России» заключается в обещании устранить несколько измерений дефицита, что особенно ценно для тех поколений россиян, которые жили в эпоху экономики дефицита 1980-х годов [Kornai 1980]. Газпромовское видео пытается убедить зрителей в том, что благодаря подключению к национальной газораспределительной сети будет решена проблема энергетической безопасности, что Москва обратила внимание на ваш дом, поселение и регион, что федеральный центр позаботится о вас. Это вполне резонирует с утверждением Коллиера [Collier 2011: 212–214] о том, что температура в помещениях является центральной биополитической проблемой (внутренней безопасности), стоящей перед российским государством и правящим режимом. Опять же, это отчасти можно объяснить настойчивым наследием советской эпохи: у россиян есть общее представление, что тепло и даже электроэнергия должны предоставляться государством бесплатно или, по крайней мере, недорого [Ibid.: 239].

Нарратив, фундирующий видео, комбинирует патронаж и биобезопасность таким образом, что тот резонирует с концептом энерговласти [Boyer 2014: 321–328; Rogers 2014: 436]. Особое внимание, которое правительство уделяет поставкам энергии, связано как с биополитическими целями — обеспечение биобезопасности населения, — так и с осуществлением контроля над населением и накоплением денежных средств путем поддержания потока энергоресурсов в сетях и трубопроводах. Концепция энерговласти может служить своего рода аналитическим инструментом, который помогает нам лучше понять переплетение власти и материальности энергетики. Применение этой концепции позволяет отчетливо увидеть бинарную природу современных энергетических систем в их способности творить и «добро» и «зло». Иначе говоря, энергетические системы — это средство обеспечить людей коммунальными благами и средство контроля населения. Видеоролику этот бинарный смысл имманентен: авторы утверждают мысль о том, что Газпром со своими трубопроводами обеспечивает биобезопасность отдельных лиц и сообществ и ощущение, что государство способно все контролировать на расстоянии.

ГАЗОВАЯ ОТРАСЛЬ КАК ГАРАНТ МОДЕРНИЗАЦИИ РОССИИ

Центральный тезис видео в том, что газовая отрасль модернизирует Россию. Газпром показан не только как гарант технологической и экономической модернизации России, но как гарант социального развития. Технология, используемая в газовой индустрии, упоминается как космическая, была разработана в России благодаря чрезвычайно суровым экологическим условиям, в которых вынуждена работать газовая отрасль, и высокому стандарту науки и инженерии, призванному преодолеть естественные ограничения. В этом модернизационном нарративе опять-таки возникает элемент «гео-», который функционирует как основа правительности. Более того, с социальной точки зрения работа в газовой отрасли показана как преодоление разрыва между профессиями и «классами». Эта идея далеко не новая, поскольку еще во времена Советского Союза в разных отраслях промышленности сформировались различные идентичности: например, все, кто так или иначе имел дело с газом, идентифицировали себя как газовики, а те, кто имел дело с нефтью, называли себя нефтяниками независимо от виды работы или должности. Когда в видеоролике руководители Газпрома заявляют, что «знают сварщиков трубопроводов по именам», это чувство единства используется, чтобы представить газовую отрасль в качестве гаранта национального общественного договора, утверждая, что сегодняшняя модернизация российского общества берет свое начало из советского эгалитарного дискурса.

Такое описание роли газовой отрасли в модернизации экономики как бы намекает на то, что главная цель президентства Дмитрия Медведева — диверсификация экономики *за счет отказа* от доминирования энергетического сектора — была забыта [Gustafson 2012: 490–492]. В ролике утверждается, что многомиллиардные инвестиции в газовую промышленность России сделали эту отрасль «локомотивом российской экономики». Для Газпрома как коммерческой компании такого рода рассуждения вполне оправданы. Тем не менее деятельность Газпрома следует рассматривать и как отражение позиции государства: диверсификация больше не проводится с прежней энергией, что согласуется с утверждением Густафсона о том, что в глазах Владимира Путина и Игоря Сечина углеводородный сектор, безусловно, остается локомотивом российской экономики [Ibid.: 493].

Несмотря на единственно возможное использование ископаемого топлива, модернизация России с помощью газа определяется как нечто беспредельное. В видеоролике это подтверждается такими фразами, как «огромные запасы» газа и «самые крупные месторождения на планете», а также повторением чисел (например, «триллион кубометров» и «на будущие десятилетия»), за счет чего создается впечатление, что основанная на газе модернизация будет продолжаться бесконечно долго. Этот дискурс, по сути, опять же проистекает из советской или даже дореволюционной эпохи: природные ресурсы — это вечный рог изобилия для государства [Fryer 2000]. Здесь мы вновь видим, как географические образы и масштабы — неисчерпаемые, жизненно важные для всего мира ресурсы — становятся основой модернизационного нарратива и правительности.

Газовая отрасль на всех этапах добычи и распределения газа представлена как фактор модернизации периферийных регионов России. Газовая инфраструктура не только обеспечивает тепло и благополучие удаленных населенных пунктов, куда доставляется газ, но и несет «цивилизацию» на Крайний Север. Добыча газа создает возможности для социально-экономического развития «необитаемых» северных территорий. Значительная часть фильма посвящена рассказу о том, как транспортная инфраструктура (дороги, аэропорты), построенная для газовой отрасли, способствует развитию экономики в этих регионах. «Цивилизация» приходит и на северный Ямал, где работники газовых месторождений получают поддержку строго по науке, включая ежедневный медицинский осмотр (женщинами-врачами), а рацион питания и рабочее время газовиков адаптированы к требованиям Крайнего Севера. Газпром с его программой газификации рассматривается как главный актор, способствующий модернизационному и цивилизационному развитию регионов с участием как периферийных производственных объектов, так и центров потребления. Авторы убеждают зрителя в том, что, соглашаясь с этой газовой стратегией, он помогает реализации этих целей в национальном масштабе. Газовая правительность связывает каждого отдельного человека с физической и экономической географией России.

ГАЗОПРОВОД КАК ИНСТРУМЕНТ КОНТРОЛЯ И СОВРЕМЕННОЙ ВОЙНЫ

В видеоролике Газпрома утверждается, что местные и региональные власти не выполняют свои обязательства по строительству газовой инфраструктуры в населенных пунктах. Согласно программе газификации Газпром обязуется обеспечить доставку газа «до границы муниципалитета», а строительство газораспределительной сети является задачей местных властей. Газпром стремится побудить местное население оказать давление на руководителей районов и областей, чтобы они уделяли приоритетное внимание сотрудничеству с Газпромом в проектах газификации. Участие в продвижении и достижении национальных биополитических целей, в частности в решении таких вопросов, как тепло в домах и здоровье детей, имеет еще одно измерение: россиян мягко убеждают (посредством дискурса) не только принять участие в этом национальном проекте, но и перейти под покровительство полугосударственной компании. В видеоролике обещание оказать покровительство и требование перейти под такое покровительство показаны на примере подачи газа в провинциальный поселок. Во-первых, россиян уверяют, что газовая инфраструктура строится повсюду и даже самые отдаленные населенные пункты находятся в центре внимания государства и Газпрома. Во-вторых, авторы пытаются убедить россиян в том, что они обязательно получат газ и будут подключены к управляемой государством инфраструктуре. Тот факт, что государство «приходит» вместе с газом, иллюстрируется прибытием в деревенский дом федеральных чиновников и представителей Газпрома, которые наблюдают за приготовлением еды на газовой плите, а затем зажигают в деревне газовый факел. Авторы ролика хотят сказать, что благодаря подключению газа сельские жители обретают связь с компанией и государством и переходят под их покровительство и под их контроль. В данном случае с точки зрения геоправительности и энерговласти мы видим соединение процессов формирования идентичности и реализации дисциплинарной власти, которые стали возможны благодаря материальности энергетики.

Геоправительные и энерговластные аспекты российского газа, которые я пытаюсь раскрыть, согласуются с теоретическими работами в области политической географии и экологии, которые касаются материальных особенностей энергетики. Я имею в виду прежде всего работу Баккера и Бриджа [Bakker, Bridge 2006] (см. также [Bridge 2009; Bridge 2010: 527–528; Bridge 2011: 316–320; Watts 2004a: 200–202; Watts 2004b: 75–76]). Основным вкладом этой работы стала систематизация эффектов, которые углеводородный сектор оказывает на социальное развитие благодаря своим пространственным и материальным характеристикам. Например, предположение о том, что углеводородная индустрия создает особую *географию «узких мест»* — т. е. узких нефте- и газотранспортных коридоров (трубопроводов), которые в силу своего физического характера способствуют принудительному правлению и милитаризации в сообществах вдоль их маршрута, — напрямую связано с социальными эффектами, производимыми газораспределительными трубопроводами.

Газпром утверждает, что обеспечивает процветание российских регионов благодаря газопроводам; но если подойти к этому утверждению критически, мы увидим, что кроме того он производит средства, укрепляющие его монопольное положение на внутреннем газовом рынке России, а также укрепляет свои позиции в глазах политической элиты и путинского режима как гаранта центральной власти в российских регионах. Естественно, возможность контролировать регионы открыто не заявлена ни в стратегиях, ни в риторике, ни в рекламном ролике Газпрома, хотя значительные социальные программы компании свидетельствуют о том, что вся программа газификации является проектом национального масштаба, связанным с региональным развитием и целями федерального единства, — особенно на российском Дальнем Востоке, где доминирует угольная промышленность [Столица на Онего 2012]. В видеоролике визуальными и дискурсивными средствами специально подчеркивается, что это не просто коммерческая кампания Газпрома. Газ и газовая инфраструктура — география поставок и материальные объекты газовой отрасли — рассматриваются еще и как инструмент контроля в международном масштабе. В данном случае нарратив основывается на упомянутом выше дискурсе об энергетической сверхдержаве, который активно выстраивался внутри России на протяжении 2000-х годов. Вопрос о том, является ли Россия энергетической сверхдержавой, особенно активно обсуждался после газовых споров 2006 и 2009 годов между Украиной, Россией и ЕС, но наиболее остро встал во время украинского кризиса 2014 года. Примечательно то, как менялась риторика России относительно энергетики как рычага воздействия: жесткая позиция начала 2000-х годов, когда Москва утверждала, что использует углеводороды в качестве геополитического ресурса, четко изложенная в Энергетической стратегии России 2003 года, была смягчена после 2008–2009 годов, когда были сформулированы цели энергетической политики России в отношениях с Западом. Однако, как убедительно показала Наталья Гриб [Гриб 2009], продвижение дискурса об энергетической сверхдержаве для внутрироссийской аудитории усилилось (особенно во время кризиса 2014 года). Идентичность энергетической сверхдержавы строится на объединении ресурсозависимого государства и богатого энергоресурсами государства. Этот дискурс лежит в основе аргументации в газпромовском видео, где газ и газовая инфраструктура определяются в терминах современной войны, которую ведет Россия. Например, рассказывая о газовой инфраструктуре, авторы используют военную и геополитическую лексику и соответствующие визуальные образы. Газовые ресурсы Ямала названы «стратегическими», а стальные трубы газопроводов имеют «такую же толщину, как броня танков». Кроме того, во время разговора с работниками, контролирующими поток газа в системе Газпрома, на заднем плане вы видим экран управления трубопроводами, проходящими через Украину и Европу. Посыл очевиден: Москва и штаб-квартира Газпрома представлены как центр российской и трансграничной власти. Директор центра управления, глядя на карту трубопроводов Европы, заявляет: «Отсюда можно управлять любой точкой подключения или любой компрессорной станцией, и в любой момент мы можем вмешаться». Это наводит на мысль о том, что Россия благодаря своему газу обладает властью контролировать другие страны, а российские потребители имеют привилегию быть частью этой геополитической мощи и должны участвовать в ее укреплении.

ЗАГЛУШИТЬ ПРОБЛЕМЫ: ЧТО НЕ ПОКАЗЫВАЕТСЯ И НЕ ОБСУЖДАЕТСЯ?

В центре властных дискурсов и практик — проблемы и феномены, которые становятся фигурами умолчания. Иначе говоря, выбор хранить молчание о том, что быть упомянутым заслуживает, есть тактика таких дискурсов и практик. Две темы, значимые для нефтегазовых компаний во всем мире, которые авторы видеоролика обходят молчанием, — это социальное неравенство и экологические проблемы, возникающие в процессе добычи, транспортировки и потребления углеводородов [Bridge 2011:

318–320; Watts 2004a: 202; Watts 2004b: 59]. Например, в фильме никак не упоминаются коренные народы, проживающие в газодобывающем регионе полуострова Ямал. Более того, в ролике вообще не показаны никакие этнические группы, кроме русских. Ямал представлен как обычный российский регион без малейшего намека на его этническое разнообразие. Несмотря на то что около 10 % населения Ямало-Ненецкого автономного округа составляют коренные жители Севера — ненцы, ханты, коми и селькупы, в фильме дважды говорится, что «люди не живут в таких экстремальных условиях». Это умолчание о коренных жителях, вероятно, объясняется необходимостью культурно и этнически определить газ как чисто российское явление, о чем уже говорилось выше. Другая причина, возможно, заключается в том, что, говоря об этнической истории региона, представителям Газпрома и государства пришлось бы прокомментировать воздействие углеводородной промышленности на местные сообщества, что привлекло бы внимание к таким вопросам, как права на землю, социальное обеспечение и экономическое равенство коренных жителей. Следовательно, в правительности, выражаемой фильмом о газификации, элемент «гео-» представлен также в порядке умолчания, поскольку из нарратива исключаются существенно важные географические вопросы. Кроме того, в видео поразительным образом практически полностью умалчиваются экологические проблемы, связанные с добычей и транспортировкой газа. Ничего не говорится об экологических последствиях добычи газа на региональном или глобальном уровне, разве что для намека на чистоту газа используется клише «голубое топливо». Никак не упоминаются экологические последствия транспортировки газа, которые могут существенно влиять на окружающую среду. Неэффективность газокомпрессорных станций является одной из причин, почему Газпром остается крупнейшим потребителем производимого им газа [Sutela 2012]. Кроме того, в фильме не комментируется энергетическая неэффективность, обусловленная фактической монополией Газпрома на трубопроводы. Одна из основных причин, по которой нефтяные компании не смогли достичь требуемых уровней утилизации попутного нефтяного газа, заключается в том, что Газпром не разрешает им подавать газ в национальную трубопроводную систему, поскольку хочет избежать конкуренции (см., например, [Hulbak Røland 2010: 37]).

Интересно, что в другом рекламном ролике Газпрома, предназначенном для международной аудитории, подчеркивается, что деятельность компании, например во Вьетнаме, осуществляется в соответствии с самыми высокими международными экологическими стандартами и с применением процедуры оценки воздействия на окружающую среду [Gazprom International 2012]. В связи с критикой в адрес добывающей отрасли возникает вопрос о том, пытаются ли такие компании, как «Газпром», создать имидж *социально* ответственной корпорации в своей деятельности как на этапе добычи, так и на этапе переработки газа, игнорируя при этом экологическую повестку, которая чрезвычайно важна для нефтегазового бизнеса на международном уровне. Однако, как указывалось выше, эта ответственность носит этнически дискриминационный характер, поскольку коренные народы Севера даже не упоминаются в газпромовском видео. Российская частная нефтяная компания «ЛУКОЙЛ» и полугосударственный Газпром подвергаются критике за пренебрежение социальными и экологическими обязанностями на начальном этапе товарной цепочки [Greenpeace 2016]. Тем не менее они начали выстраивать свой имидж социально ответственного бизнеса, используя для этого материальное измерение энергетики в этой конструкции [Rogers 2012: 288–289; Rogers 2014: 437–443].

Проведенный анализ показывает, что геоправительность, представленная в фильме «Газификация России», черпает силу из географических знаний и советской/постсоветской образности, а также из способности делать «хорошее» и «плохое». И для того и для другого используются материальность газа и газовая инфраструктура. Эта двусторонняя энерговласть, особая форма геоправительности, наполняется смыслом благодаря материальности углеводорода; так, например, трубопроводы олицетворяют энергетическую безопасность и связь с нацией и ресурсной географией государства. Физическое выражение газификации существенно влияет на формирование социального. Именно на этой материальности основаны представления о России как о территориальной сверхдержаве, энергетической сверхдержаве и великой экологической державе. В то же время эта конструкция соединяет связанный с материальностью националистический образ энергии с универсальными (неолиберальными) обязывающими целями, например экономическим ростом и модернизацией, а также с особыми российскими ценностями, включая консервативное понимание гендерных ролей. Таким образом, материальности газа способствуют формированию национальной идентичности россиян как граждан энергетической сверхдержавы. Эта власть — проецируемая через международные газопроводы и военный словарь — формирует ядро способности причинять вред и внутри страны: газовая энергетика, инфраструктура, газовая промышленность определяются и рассматриваются таким образом, чтобы подчеркнуть подчиненную роль людей и сообществ.

Производство истин, идентичности и власти в рамках этой геоправительности происходит посредством фукольдианского диспозитива, который включает институциональные, физические и административные механизмы и структуры знаний. Несколько дискурсов, уходящих корнями в советский и в постсоветский националистический модернизационный этос, в сочетании с пространственными и материальными характеристиками газовой отрасли образуют убедительный нарратив в рамках институциональных и административных механизмов — программы газификации, реализуемой полугосударственной энергетической компанией. Кроме того, в моем анализе раскрываются пять измерений режимов правления, определение которых дано Леггом [Legg 2005: 147–149]: определенные способы мышления, понимание реальности, конструирование одних форм субъективности и отказ от других, стратегические технологии управления и ценности конкретного правительства. Формы рациональности и практики правительности в «Газификации России» функционируют на нескольких пересекающихся уровнях: *субъект* увязывается с *территориями* и *нацией* посредством газа, на субъекта возлагается ответственность за биобезопасность *населения*, и даже *глобальная* повестка используется для легитимизации сильной зависимости от газа.

Рекламный ролик Газпрома показывает, в каком свете руководство компании хочет представить россиянам газ (как субстанцию, как энергетический ресурс), газовую промышленность и программу «Газификация России». Я полагаю, что это желание отчасти разделяет и руководство страны. Очевидная цель этого видео — показать, сколько благ несет с собой газ для россиян, но, как я уже отмечал выше, в рекламном ролике есть и намеки на то, что газ способен причинять вред.

Понимание вреда западными наблюдателями, естественно, обусловлено либерально-демократическим представлением о негативном развитии общества. Более того, можно утверждать, что такое западное или, по крайней мере, европейское понимание энергетики как социальной силы или актора также является предвзятым. Отчуждение европейских потребителей от углеродной энергетики — незнание того, как добывается газ и производится бензин, откуда они берутся, к каким социальным и экологическим последствиям это приводит и как на самом деле углеводороды обеспечивают функционирование наших мобильных обществ и *демократий*, — очевидно вызывает тревогу. Для российской углеводородной культуры характерен совершенно иной подход к роли энергетики в культуре, общественной жизни и экономике. Российский подход к формированию энергетической культуры можно рассматривать как более рациональный способ мышления об энергетической зависимости общества в целом и отдельных людей в частности, чем подход, который преобладает на Западе: он более склонен размывать тот факт и пренебрегать тем фактом, что современные государства глубоко укоренены в ископаемой энергетике и зависят от нее. Таким образом, усилия по созданию углеводородной культуры, в частности рекламный ролик «Газификация России», могут послужить отрезвляющим напоминанием западным странам о том, что в конечном счете поддерживает функционирование наших обществ и экономики [Mitchell 2011].

В отличие от западных обществ, российский народ может выбрать возможность присоединения к газовой инфраструктуре и добровольно остаться под патронажем национальной монополии и федерального центра. Такое позитивное принятие патронажа государства, определенно, уходит своими корнями в советскую историю [Collier 2011: 238–239]. Согласно этой точке зрения, видеоролик Газпрома просто отражает некую *потребность* российского населения. Отталкиваясь от этой потребности, связанной с сегодняшней ностальгией россиян по Советскому Союзу, далее я более подробно рассмотрю правительность углеводородной культуры и попытаюсь показать, как спортивные и молодежные программы Газпрома выходят за рамки того, что традиционно считается энергетической материальностью, и как эти материальности используются теми, кто находится у власти.

СПОРТ, «ВЕЛИКОДЕРЖАВНОСТЬ» И ГАЗПРОМ

Говоря о спорте, социальные науки исходят из предположения, что он является частью политики, как и любая другая сфера международных отношений и сотрудничества (см., например, [Sugden, Tomlinson 2002]). Спорт можно считать политическим явлением по крайней мере в трех смыслах. Во-первых, занятия физкультурой и спортом связаны со здоровьем как отдельного человека, так и населения в целом. Поэтому строительство спортивных сооружений для популяризации спорта и здорового образа жизни является важным аспектом социальной политики в современных обществах. Во-вторых, здоровье населения и спорт связаны с проблемами мягкой силы, такой как, например, национальная экономика (*индивид как работник*), но также проблемами безопасности и жесткой силы, как, например, военный потенциал (*индивид как солдат*). Такое формирование образа «идеального» гражданина как здорового работника-солдата связано с третьим случаем, когда спорт приобретает политическое значение: речь идет о международных соревнованиях, в которых на первый план выходит стремление к победе над другими нациями. Успех в спорте рассматривается не только как важный фактор самоуважения индивида, но и как один из элементов для формирования национальной или этнической идентичности. Длительное время успешные выступления в международных соревнованиях считались чрезвычайно важным фактором для продвижения позитивного национального имиджа в глазах мирового сообщества (см., например, [Koch 2013; Smith, Porter 2004]).

Во времена холодной войны спорт был неотъемлемой частью соперничества между капиталистическим и социалистическим блоками во главе с Соединенными Штатами и Советским Союзом. В СССР успехи в спорте использовались для убеждения мирового сообщества в том, что социалистическая экономическая и общественная модель лучше капиталистической. Поэтому значительные средства вкладывались в подготовку спортсменов и тренеров, а также в спортивную инфраструктуру и различные спортивные сооружения (см., например, [Edelman 1993; Peppard, Riordan 1993]). Сегодня многие россияне испытывают ностальгию по успехам, которых, по их мнению, добился Советский Союз в социально-политической и культурной сферах, включая спорт [Lee 2011; Mankoff 2009]. В контексте недавнего подъема великодержавных притязаний России россияне продолжают считать спортивные достижения страны на международной арене одним из якобы объективных показателей «великодержавности» [Jokisipilä 2011]. Например, организация и успешное проведение Олимпийских игр 2014 года в Сочи широко освещались в частных и государственных медиа как важный фактор самоуважения простых россиян, и путинский режим стратегически использовал этот фактор для поощрения национальной гордости [Persson, Petersson 2014].

В Сочи, как и во многих других регионах России, крупные государственные или полугосударственные корпорации были обязаны спонсировать строительство спортивных объектов и коммунальной инфраструктуры, необходимой для их эксплуатации (см., например, [Müller 2011; Trubina 2014]). Самые большие обязательства в этой сфере были возложены на Газпром и государственную нефтяную компанию «Роснефть». Таким образом, игры в Сочи стали наглядным примером объединения российского спорта, энергетики и статуса великой державы: накопленные за счет энергоресурсов богатства не только вкладывались в военно-промышленный комплекс для укрепления «великодержавности» России [Baev 2008], но и вливались в спорт и связанную с ним инфраструктуру.

Обширные программы социальной ответственности Газпрома, в частности «Газпром — детям» [Газпром 2015a] и «Поддержка спорта» [Газпром 2015c], являются частью общей стратегии и текущей деятельности компании. Львиная доля спонсорской поддержки спорта со стороны Газпрома приходится на хоккейные и футбольные клубы и федерации. Например, с 2008 по 2014 год генеральный директор компании «Газпром экспорт» Александр Медведев был президентом российской Континентальной хоккейной лиги (КХЛ), которая экономически жизнеспособна только благодаря щедрому финансированию со стороны национальных энергетических гигантов Газпрома и «Роснефти». Рассматриваемая некоторыми наблюдателями в качестве «мягкого» геополитического инструмента великодержавной политики президента Путина, КХЛ расширилась за пределы России за счет команд из других стран, включая Сербию, Словакию, Латвию, Финляндию и Казахстан [Jokisipilä 2011]. В хоккее связь между государством и энергетическим сектором самая прочная, однако Газпром выступает еще и в роли крупного спонсора европейского футбола. На международном уровне спонсорство Газпрома оправдано главным образом экономическими выгодами от повышения его узнаваемости на европейском рынке, но определенное значение имеют и задачи российского государства по применению мягкой силы.

Внутри страны спонсорская поддержка и инвестиции в развитие спорта преобладают в регионах добычи газа и в регионах, которые практически не охвачены газификацией. Весьма заметные и пространственно масштабные социальные проекты в сфере спорта рассматриваются Газпромом как инструмент продвижения национальной газовой программы в этих ключевых областях. Спорт — идеальное средство для этого, поскольку он имеет множество положительных коннотаций для россиян, как на индивидуальном, так и на более широком социокультурном уровне. Объединяя программу газификации со спортивными проектами в рамках социальной ответственности, Газпром может укреплять имидж компании, «творящей добро» для общества, и одновременно продвигать менее благие цели российского государства и нынешнего режима в области биополитики и энергетики, в частности подчеркивая важность физически и психически здорового населения, которое соответствует потребностям российской экономики и вооруженных сил. Такой сплав энергетики и спорта способствует формированию консервативно определяемой общности (коммунитаризма) через спортивные залы и клубы и пестует национальную идентичность, основанную на идее России как великой державы. Например, в рамках программы «Поддержка спорта» и в дополнение к более чем тысяче проектов развития спортивной инфраструктуры, реализованных с середины 2000-х годов, — хоккейных площадок, теннисных кортов, спортивных залов и различных легкоатлетических сооружений, — Газпром продвигает общероссийскую программу развития физической культуры и спорта под названием «Готов к труду и обороне», которая реализуется под руководством Министерства спорта [Газпром 2015b; Министерство спорта 2015]. Газпром не только спонсирует эту национальную программу спортивной и военной подготовки, но и начал требовать от своих сотрудников сдачи норм ГТО, включая бег на короткие и длинные дистанции, плавание, бег на лыжах, подтягивание и прыжки в длину, а также метание гранаты и стрельбу из винтовки.

Еще один пример продвижения биополитических целей государства (например, укрепление физического и психического здоровья людей для решения экономических, военных и патриотических задач) можно увидеть в программе социальной ответственности «Газпром — детям». В этой программе преобладают поддержка спорта на местном уровне и проекты по строительству инфраструктуры, реализуемые Газпромом и его региональными дочерними компаниями, но она также включает фестиваль патриотической песни «Факел надежды» [Газпром 2013]. Если спортивные проекты ориентированы на физически подготовленных и патриотически настроенных граждан, то песенный конкурс направлен на воспитание духовно сильной и сплоченной молодежи, которая разделяет патриотические цели служения стране в экономическом и военном отношении. Слова начальника Управления по культуре и искусству администрации Оренбурга, которые цитируются на сайте Газпрома, рекламирующем фестиваль патриотической песни, делают эту связь очевидной: «Уверен, из ребят вырастут хорошие, умные люди, которые сделают страну сильнее и богаче. Спасибо "Газпрому" за верность традициям» [Газпром 2011]. Здесь традиции, вероятно, следует понимать как традиции Российской империи — подчеркивание статуса великой державы, лояльность авторитарному государству и его лидеру, а также раболепие граждан как патриотический идеал.

КЕЙС: РОССИЙСКИЙ ГАЗ И СПОРТИВНЫЕ ПОЛЯ ВЫТЕСНЯЮТ ЛОКАЛЬНЫЕ ВОЗОБНОВЛЯЕМЫЕ ИСТОЧНИКИ ЭНЕРГИИ В КАРЕЛИИ

Многочисленные проекты и программы Газпрома тесно связаны с национальной программой «Газификация России». Исходя из соображений повышения энергетической безопасности, содействия экономическому росту, региональным инвестициям и охране окружающей среды, Газпром и российское правительство заявляют о важности расширения газораспределительной сети на периферийные регионы страны. Один из таких периферийных регионов — Республика Карелия, граничащая с Финляндией и ЕС. Продолжая темы, обсуждавшиеся выше, оставшаяся часть этой главы представляет собой анализ проектов Газпрома в Карелии.

Программа «Газификация России» реализуется с середины 2000-х годов, но наиболее интенсивный этап начался в 2010–2011 годах [Газпром 2012], в том числе в Республике Карелия. Характерная особенность программы — социально-инфраструктурная составляющая, которая имеется во всех проектах газопроводов и газовых электростанций, построенных Газпромом.

В случае Карелии такая составляющая была весьма значительной: в Ладожском районе республики в 2012 году было заключено соглашение об инвестировании шести миллиардов рублей в газовую инфраструктуру и одновременном выделении двух миллиардов рублей на социальную инфраструктуру [Петербургрегионгаз 2011]. Эти цифры могут показаться ошеломительными, однако Газпром, как и другие крупные российские предприятия, фактически имеет юридические обязательства перед правительством по осуществлению определенной благотворительной деятельности. Газпром не может уклониться от выполнения этих обязательств, и поэтому его руководители уделяют особое внимание благотворительным акциям, которые могут максимизировать выгоды как для компании, так и для ее покровителей в правительстве. Как уже говорилось выше, предпочтение отдается спортивным залам и стадионам под брендом Газпрома.

В Карелии населенные пункты в основном получают электроэнергию из-за пределов республики, а теплоснабжение традиционно осуществляется за счет нефти или угля, несмотря на то что регион богат лесами и имеет долгую историю лесного хозяйства. В целом Республика Карелия импортирует 70 % энергоресурсов, а лесная промышленность, поставляющая оставшиеся 30 %, имеет значительную долю в энергетике региона. С 2001 по 2003 год в Карелии было разработано несколько планов и соглашений, направленных на снижение зависимости от импорта энергии за счет строительства новых электростанций, работающих на древесной щепе и торфе [Правительство РК 2001]. Однако в 2004–2005 годах Газпром начал переговоры о расширении своих газораспределительных трубопроводов в Карелии и строительстве газовых теплоэлектростанций. Результатом этого стало подписание в 2006 году соглашения между Газпромом и правительством Республики Карелия о «газификации республики», в соответствии с которым Газпром в 2007 году приступил к строительству газопровода и теплоэлектростанции (со сроком окончания в 2010 году) на сумму 490 млн рублей.

В 2011 году Газпром дополнительно инвестировал 180 млн рублей в теплоэнергетику Карелии [Петербургрегионгаз 2011].

Все эти капиталовложения стали основой для упомянутого выше Ладожского соглашения 2012 года, в рамках которого Газпром взял на себя газификацию территорий Северного Приладожья, при этом стоимость газовой инфраструктуры (трубопроводы, электрические и тепловые станции) составила шесть миллиардов рублей, и еще два миллиарда рублей выделялись на социальную инфраструктуру — в основном на строительство спортивных сооружений [Столица на Онего 2012]. Однако эта инвестиционная программа была продана карельским политикам и властям не просто на основании аргументов экономической выгоды и энергетической безопасности, но с обещаниями строительства социальной инфраструктуры в виде нескольких спортивных залов и площадок. Такие проекты связаны с «позитивными» национальными целями, что делает газ более привлекательным, чем местные источники энергии, обеспечивающие энергетическую самодостаточность. В Приладожье на эти социальные спортивные проекты ушла четверть всех средств, выделенных на Карелию в целом. Отдавая приоритет спортивным сооружениям перед другими возможными проектами социальной инфраструктуры, инициативы Газпрома способствуют усилению роли спорта в утверждении статуса Великой державы при одновременном продвижении биополитических и энергополитических целей государства.

Хотя эти национальные биополитические цели, безусловно, имеют решающее значение для того, чтобы программы Газпрома получили признание и поддержку внутри путинского режима, локальные практики, развивающиеся в рамках и вокруг таких программ, подразумевают более тонкие и многогранные отношения с властью. В 1990-е годы, до появления программ социальной ответственности государственных корпораций и финансирования строительства спортивных сооружений в российских регионах, муниципальные и региональные руководители в Карелии отдавали предпочтение проектам строительства и обновления видимой инфраструктуры — асфальтированию улиц, созданию пешеходных зон и благоустройству береговых линий, установке статуй и фонтанов, — предпочтение менее видимым глазу, но более важным проектам по обновлению жизненно важной инфраструктуры — как, например, повышение безопасности питьевой воды за счет вложений в устаревшие водоочистные сооружения и ухудшающиеся системы водоснабжения и канализации [Tynkkynen 2001]. Спортивные сооружения все чаще становятся именно такими видимыми глазу проектами, которые предпочитают региональные руководители.

Такие сооружения, построенные за счет Газпрома, становятся весьма заметными объектами в городах; они влияют на повседневную жизнь многих людей и непосредственно «пересекаются» с ней, играя многоплановую роль и позволяя местному начальству утвердить свою власть и контроль в рамках национальных иерархий. Например, одна из стратегий сохранения власти в Карелии местными и региональными политиками предполагает продвижение целей, поставленных крупнейшими национальными корпорациями, подобными Газпрому, для того чтобы высокопоставленные чиновники в Кремле видели в них надежных и исполнительных технократов. Однако спортивные залы и площадки, которые структурируют городское пространство, помимо прочего, помогают легитимизировать проводимую политику в глазах местных жителей и показать людям, что местная элита соответствует требованиям российской власти и готова реализовывать государственные цели. Кроме того, строительство спортивной инфраструктуры — это очень выгодный бизнес с широкими возможностями для привлечения денег в компании, связанные с региональным руководством, и, следовательно, может использоваться как средство укрепления лояльности чиновников и местных центров власти. Действительно, в России и на постсоветском пространстве спонсируемый государством бизнес по строительству спортивных объектов не просто прибылен, но в большей степени способствует коррупции, чем какие-либо другие виды бизнеса [Müller 2011; Trubina 2014]. Таким образом, эта возможность для «смазки» местных властных структур становится, пожалуй, главным стимулом для местных и региональных политиков и руководителей, чтобы продвигать программы социальной ответственности, предлагаемые центральной властью, которые включают строительство спортивной инфраструктуры.

Как мы видим на примере Карелии, решение Газпрома сделать упор на спортивных сооружениях как заметных глазу «коммерческих» объектах подстегивает вопрос, насколько уместно считать эти проекты социальной благотворительностью. Что, в свою очередь, подстегивает вопрос о степени, в которой подобные проекты скорее относятся к маркетинговой кампании Газпрома, нацеленной на то, чтобы выделить ее как социально ответственный актор и «обелить» ее имидж, нежели чем с участием в благотворительной деятельности, ориентированной на повышение благосостояния населения — например, путем строительства социального жилья, больниц, школ и т. д. Заявляя о своей социальной ответственности через предоставление спортивных сооружений, государственный гигант явно неолиберальным биополитическим способом сигнализирует о том, что «социальная ответственность» подразумевает продвижение спортивных граждан, которые могли бы принести пользу обществу, экономике и военной мощи страны, тем самым поддерживая амбиции России как великой державы. Государство и компания взаимодействуют, чтобы создать условия для укрепления коммунитаризма с помощью локальных спортивных организаций, но ответственность за достижение биополитических целей, поставленных государством, в конечном счете несут отдельные лица и сообщества.

Кампания Газпрома по газификации страны, несомненно, оказывает позитивное влияние на развитие регионов, повышая надежность энергоснабжения по сравнению с периферийными населенными пунктами, зависящими от привозной нефти и угля. В то же время подключение новых регионов к централизованно управляемым трубопроводам делает эти территории и региональных акторов еще более зависимыми от Газпрома и государства. Как указывают многие исследователи, трубы имеют значение [Bridge 2009, 2011; Collier 2011] — особенно в постсоветском контексте. Газопроводы не только создают зависимости и взаимозависимости между Россией и потребителями ее газа (прежде всего в Европе), но и являются ключевым фактором для формирования и поддержания структур власти внутри России. Финансируемая Газпромом спортивная инфраструктура действует как продолжение газовой инфраструктуры, как своего рода «эпифит», одновременно заманивающий и вынуждающий города и поселки присоединиться к проекту государственного строительства благодаря «Газификации России». Именно в этой точке сходятся национальные энергетические, культурные и военные нарративы «великой державы».

СПОРТ, ЭНЕРГОВЛАСТЬ И КОРПОРАТИВНАЯ ПРАВИТЕЛЬНОСТЬ

Дискурсивная (биополитическая) и принудительная (анатомополитическая) формы правительности объединяются в энерговласти, практикуемой Газпромом и российским государством. Союз энергетики и спорта позволяет ловко практиковать дискурсивную и принудительную власть, ибо «присутствие» государства конкретизируется газопроводами и видимыми пространственно-протяженными спортивными сооружениями. Практическая реализация общероссийской программы газификации на местном уровне, как показано на примере Карелии, может быть формой корпоративного обеления, которая также помогает продвижению великодержавных амбиций путинского режима под именем социальной «ответственности». Полугосударственный Газпром смог произвести истину, согласно которой он рассматривает инвестиции в спорт как форму социально «ответственного» обеспечения и такого же развития инфраструктуры. Как бы то ни было, подлинная филантропия в виде инвестиций в базовую социальную и коммунальную инфраструктуру — например, в строительство школ и больниц, чистую питьевую воду и очистку сточных вод от токсинов, помощь людям с инвалидностью и снижение уровня бедности — почти полностью отсутствует.

Таким образом, крупные энергетические корпорации в постсоциалистической России занимают исключительно сильные позиции — как акторы, способные формировать мнение о том, что людям необходимо знать и что есть истина. Отчасти это связано с тем, что россияне требуют и ожидают покровительства со стороны государства и государственных корпораций, как это было в советское время. Население, местные и региональные заинтересованные стороны по большей части соглашаются с господствующим дискурсом, согласно которому государство определяет, что является благом для людей и регионов. Однако в соответствии с фукольдианской теорией власть порождает контрвласть, которая одновременно противостоит господствующим притязаниям на истину и адаптирует ее для своих целей, слегка изменяя и добавляя новые контекстуальные нюансы и детали (см., например, [Tynkkynen 2009a]). Так, в российских регионах мы обнаруживаем, что национально-патриотическая повестка используется на местном уровне не только для поддержания власти, но и для того, чтобы бросить ей вызов — активно требуя уступок от государства. Например, в Пермском крае, граничащем с Уралом, где газификация проводилась намного дольше, чем в Карелии, муниципалитеты, местные поставщики электроэнергии и тепла и частные домохозяйства рассчитывали на дешевый газ, считая это своим гражданским правом. И когда Газпром начал постепенно повышать цены на газ, коммунальные предприятия и домохозяйства отказались платить. Только в Пермском крае в 2013 году накопленная задолженность муниципалитетов перед Газпромом составила почти два миллиарда рублей. Приходя в новые регионы, подобные Карелии, наряду с газопроводами и спортивными «эпифитами» Газпром может представлять государственную власть, но в то же самое время осознавать оппозиционный потенциал сообществ, направленный как на противодействие власти, так и на переориентацию доминирующего дискурса покровительства со стороны государства.

При этом спортивная социальная программа Газпрома в конечном счете предполагает, что люди должны сами нести ответственность за свое собственное и национальное благополучие, за экономику и военную мощь страны. Уникальную форму корпоративной правительности Газпрома, следовательно, можно определить как сочетание идеала энергетической сверхдержавы и милитаристской великодержавной идентичности, которые конструируются с помощью спортивных метафор, ценностей и объектов. Спорт используется для направления энергетической политики в нужное русло на местном и региональном уровнях, как показано на примере Карелии, где газовая программа вытеснила из региональной повестки цели развития местной биоэнергетики и энергетической самодостаточности. Поэтому убедительные националистические нарративы, проявляющиеся в треугольнике, соединяющем российский спорт, энергетику и статус великой державы, так же важны, как и приземленные задачи энергетической безопасности, которые используют для того, чтобы убедить руководство Карелии и местные сообщества присоединиться к программе «Газификация России».

Глава 4

Энергетика как международная власть

Случай российско-финской торговли энергоресурсами

В этой главе я подробно остановлюсь на энергетической власти в трансграничном контексте. Геополитическая власть, к которой стремится Россия в силу своей углеводородной культуры, опирается на тот же механизм кнута и пряника, который используется внутри страны в рамках геоправительности путинского режима, основанной на нефти и газе. Вместе с тем на международном уровне мы видим гораздо более широкий спектр стратегий, сочетающих средства принуждения и поощрения. Российско-финская торговля энергоресурсами — это интересный пример проявления энергетической власти, поскольку она опирается на мягкий подход и основывается на доброй воле. Несмотря на то что принуждение хорошо завуалировано, о нем не говорят и его не применяют напрямую, оно тем не менее присутствует даже в такой абсолютно «нейтральной» политической атмосфере. Обе стратегии являются важной частью практик и дискурсов, характерных для российской углеводородной культуры, и можно предположить, что «ядерная дипломатия», которая в последнее время доминирует на российско-финской энергетической арене, свидетельствует об отказе от углеводородов. Я намерен показать, что верно и обратное утверждение.

ЭНЕРГЕТИКА — «ПРОСТО БИЗНЕС» И «ОРУЖИЕ»

С середины 2000-х годов, когда цены на нефть неуклонно росли, президент Путин консолидировал власть и все бо́льшая доля российской нефтедобычи переходила в руки государства, некоторые ученые стали утверждать, что Россия превращается в «энергетическую сверхдержаву» [Goldman 2008: 7–10, 206–207; Rutland 2015; Smith Stegen 2011: 6506], особенно по отношению к основным покупателям ее энергоресурсов — странам ЕС. Понятие «энергетическая сверхдержава» соотносится со статусом великой державы, который достигается не традиционными военными средствами, а благодаря доминирующему положению в мировой добыче энергоресурсов и торговле ими, что позволяет стране использовать свои энергетические богатства в качестве рычага для достижения собственных политических и геополитических целей. Утверждение, что Россия движется в соответствии с этой логикой, проистекает, в частности, из трех эпизодов в отношениях между ЕС и Российской Федерацией: в 2006, 2009 и 2014 годах Россия сократила поставки газа по трубопроводам, проходящим через Украину, что негативно повлияло на экономику стран ЕС на другом конце трубопровода. Кроме того, вызывает опасения тот факт, что российский энергетический гигант Газпром начал приобретать акции национальных газораспределительных компаний на территории ЕС и бывших социалистических государств [Closson 2014]. Европа может стать жертвой российской паутины, когда поставками энергоносителей, транснациональными трубопроводами и распределительными сетями будет управлять одна страна. Действительно, сразу после вступления России в ВТО Европейская комиссия (2012) начала изучение вопроса, может ли Газпром препятствовать конкуренции на европейских газовых рынках. По сути, проблема заключалась в тесных связях Газпрома и российского государства, и возникла реальная опасность, что Россия может использовать энергетику в качестве политического инструмента в Европе. Недавние судебные решения вынудили Газпром изменить монопольную ценовую стратегию и частично отказаться от долей владения в европейских газораспределительных компаниях. Несмотря на эти изменения, есть опасения, что Россия способна оказывать значительное геополитическое и геоэкономическое влияние в Европе с помощью крупных газопроводов, как, например, «Северный поток — 1» и «Северный поток — 2» [Vihma, Wigell 2016].

Оценки важности энергетических ресурсов для политики безопасности менялись в зависимости от изменений в отношениях между Россией и Европейским союзом. После распада Советского Союза энергетическая и транспортная инфраструктура рассматривалась как важный фактор углубления экономической интеграции и взаимозависимости [Aalto, Forsberg 2016]. Ситуация изменилась на рубеже тысячелетий. Высокие рыночные цены на нефть стимулировали экономический рост в России. Изменения в политике, последовавшие за реформами в энергетическом секторе, привели к перераспределению доходов государства на стратегические проекты, предлагаемые окружением Путина. В числе таких проектов, например, было строительство новых портов в Финском заливе для экспорта нефти. Основная идея была выражена в Энергетической стратегии [Министерство энергетики 2003], согласно которой энергетические ресурсы и контроль над энергетическими потоками являются одним из «геополитических инструментов».

Российское руководство, как и полугосударственные энергетические компании (и как многие европейские политики и ученые) утверждали [Kivinen 2012; Perovic 2009: 11], что Россия стремится к установлению стабильных рыночных отношений и экономическому процветанию только за счет экспорта энергоносителей и перерабатывающего сектора: энергетика — это просто бизнес, движимый экономическими интересами. Например, Рутланд [Rutland 2008: 209] полагает, что возможности России влиять на иностранные государства через отношения в сфере энергетики сильно преувеличены (см. также [Judge et al. 2016]). Главный аргумент заключается в том, что Россия не стала бы ставить под угрозу отношения со своим крупнейшим потребителем — ЕС, используя энергетику в качестве рычага для достижения политических целей. Этот аргумент проистекает из убеждения, что Россия в *большей степени* зависит от ренты, получаемой с энергетических рынков ЕС, чем страны ЕС зависят от российских энергоресурсов. Если сравнивать импорт ЕС (треть которого поступает из России) с российским экспортом (две трети которого идет в ЕС), то на бумаге это, безусловно, так. На мой взгляд, эта идея также основана на устаревшем понимании энерговласти, когда энергетическая безопасность рассматривается через призму твердой энергетической силы без учета логики и эффективности мягкой силы. Более того, я утверждаю, что такое преимущественно европейское понимание взаимозависимости в рамках энергетических отношений России и ЕС основывается на ложных предположениях. А именно, взаимозависимость может возникнуть, когда стороны примерно равны по размеру и мощи. И многие думают, что ЕС равен России в энергополитическом плане. Но этот подход не учитывает тот факт, что ЕС как институт *не имеет* рычагов влияния на Россию в торговле энергоносителями, поскольку ЕС не покупает у России ни одного барреля нефти, кубометра газа, тонны угля или урана. Россия использует свои рычаги влияния в энергетической сфере и отказывается вести переговоры с ЕС по вопросам торговли энергоносителями. В действительности торговля энергоресурсами осуществляется между гигантскими российскими государственными компаниями и европейскими (в основном частными) энергетическими компаниями, влиятельными в отдельных государствах — членах ЕС, но не во всем ЕС. Таким образом, я утверждаю, что отношение к энергетической безопасности, наблюдаемое в Европе, — это институциональное заблуждение, которое не позволяет увидеть силу геоэкономики энергетики. В итоге используется «мягкое энергетическое оружие», и это предоставляет путинской России возможность влиять на внешнюю политику ЕС. Конкретным примером стратегии «разделяй и властвуй» является тот факт, что в ЕС все еще нет общего голоса в энергетической политике. И это несмотря на недавние попытки — вызванные войной в Украине и агрессивным поведением России — возродить изначальный консенсусный потенциал общей энергетической политики через Энергетический союз ЕС, как это было в случае с предшественником ЕС — Европейским объединением угля и стали в послевоенной Европе.

При этом внутриполитический дискурс об «энергетической сверхдержаве» продолжает усиливаться (ср. [Гриб 2009: 7]). Начиная с 2000-х годов, когда доходы России значительно выросли благодаря экспорту энергоносителей, российское правительство конструирует национальную идентичность на фундаменте энергетического процветания и военной мощи. Деньги от продажи энергоресурсов направляются на повышение благосостояния населения и, в еще большей степени, на вооруженные силы. Это способствует популярности правительства Путина. Энергетическое процветание позволяет России подчеркивать свой особый статус и выйти из рамок взаимозависимости с Европой и продвигаемой ЕС институциональной интеграции. Потенциальные и реальные попытки России усилить свою политическую переговорную позицию в отношениях с европейскими странами за счет энергетики рассматриваются как вполне оправданные и даже неизбежные. В роли «энергетической сверхдержавы» Россия занимает доминирующее положение по сравнению со своими европейскими партнерами и позиционирует себя как «благодетель» по отношению к своим соседям, подобным Украине. С точки зрения Путина, Россия на протяжении многих лет поддерживала экономику Украины и других бывших советских республик — через доступные цены на энергоносители. Особенно в первые годы войны в Украине, в 2014 и 2015 годах, российская идентичность еще более тесно связывалась с энергетикой, а контролируемые государством российские медиа были перенасыщены рассказами о том, что Запад и особенно Украина столь хронически зависят от российских углеводородов и урана, что их поставили на колени перед всемогущей энергетической сверхдержавой Россией. Правительство Путина и российский народ истолковали сдержанную реакцию Европы на оккупацию Крыма как признак слабости европейцев. Такая реакция рассматривается как свидетельство того, что Россия является энергетической сверхдержавой не только на словах, но и на деле.

Сегодня за плечами России нет бремени значительного внешнего долга; наоборот — аккумулировав энергетические богатства в качестве своих мускулов, она обладает финансовым потенциалом, позволяющим ей выступать как энергетическая сверхдержава и использовать мягкую силу для влияния на европейскую энергетику и тем самым на международную политику. Этот потенциал подтверждается исторической практикой: Россия пользуется факторами неопределенности и нарушениями, связанными с переговорами о ценах, а также использует ключевую инфраструктуру в энергетическом секторе, чтобы вовлечь лиц, принимающих решения, в сферу влияния или прямого контроля Кремля (см. [Balmaceda 2013]). О способности России использовать энергоресурсы в качестве рычага давления можно судить не только по возможности осуществления таких маневров, но и по последствиям такого рода действий. В этом отношении проведенный Карен Смит Стеген [Smith Stegen 2011] (табл. 4.1) анализ возможностей России использовать ресурсное оружие или, иначе говоря, добиваться политических уступок, используя поставки энергоресурсов в качестве рычага воздействия на энергозависимые страны, можно считать шагом вперед по сравнению с предыдущими исследованиями. Ее главный аргумент заключается в том, что, хотя статус как энергетической сверхдержавы ранее оценивался с точки зрения способности государства контролировать энергоресурсы и транзитные маршруты, а также исходя из того, что государство должно пытаться использовать энергоресурсы для достижения своих политических целей, последствиям такой политики не уделялось должного внимания. Она предлагает анализировать прежде всего реакции правительств энергозависимых стран на угрозы, резкое повышение цен или прекращение поставок, инспирированные российскими акторами. В случае торговли нефтью и газом между Россией и Европейским союзом способность России выступать в роли энергетической сверхдержавы не только существует, но и активно реализуется. Смит Стеген [Smith Stegen 2011: 6509–6510] показывает, что в торговле газом этот эффект является более выраженным, чем в случае торговли нефтью, несмотря на то что

Таблица 4.1. Модель ресурсного оружия [Smith Stegen 2011]

Энергоресурсы в стране
1. Консолидация ресурсов государством
2. Контроль транзитных маршрутов со стороны государства
3. Реализация угроз, резкое повышение цен, прекращение поставок
4. Согласие и уступки со стороны целевого государства
Энергоресурсы как рычаг политического влияния

попытки использовать ресурсное оружие предпринимались в обеих областях энергетики в постсоветский период после 1991 года.

Предполагается, что эта модель применима для анализа любого случая, когда страна-экспортер энергоносителей пытается использовать ресурсы и их потоки, которые она контролирует, для влияния на политическое поведение страны, покупающей энергоносители. Однако сама по себе метафора «ресурсное оружие» вводит в заблуждение. На самом деле Россия не использует жесткие средства влияния в Западной Европе. Например, если энергетическую стратегию России в отношении Украины можно определить как «жесткое ресурсное оружие» («сжимающий поток»), то в отношении Финляндии — как и большинства стран ЕС — внешняя энергетическая стратегия России скорее предполагает «мягкое ресурсное оружие» («смазывающий поток»). Однако данная аналитическая модель с таким же успехом применима и к контекстам, в которых наличие явного «кнута» неочевидно. Эти случаи демонстрируют, как формируется влияние в позитивном ключе, которое вряд ли можно назвать оружием. Россия умело использует эту тактику в Западной Европе и ЕС (см. [Högselius 2013]). С точки зрения Финляндии, это еще один ключевой способ оказания влияния с помощью энергетики. Вопрос не в том, может ли Россия применить «жесткое» ресурсное оружие, так как эту возможность нельзя исключать. Однако, поскольку проблем с торговлей энергоносителями и их потоками не возникает, Россия отдает предпочтение более скрытым способам влияния, включая ценообразование и контракты.

Привлекательность энергетического сектора как канала влияния обусловлена множеством факторов. Этот сектор играет ключевую роль в обеспечении безопасности энергоснабжения современных сообществ. Важность энергетического сектора как канала влияния можно объяснить сложившимися за десятилетия отношениями зависимости и центральной ролью, которую российское правительство играет в энергетике. В Европе энергетическая зависимость рассматривается как симметричное взаимодействие, при котором и ЕС, и Россия зависят от продолжения торговых отношений [Goldthau, Sitter 2015]. Как я утверждал выше, это не относится к ситуации с отдельными странами или компаниями, против которых изредка или систематически может применяться «ресурсное оружие». Далее я буду использовать модель Смит Стеген для оценки российской торговли энергоносителями с Финляндией. Основное внимание уделяется анализу факторов, которые обеспечивают и (или) подрывают позитивную взаимозависимость, созданную в процессе торговли энергоносителями между Россией и Финляндией.

ЭНЕРГОРЕСУРСЫ РОССИИ КАК РЫЧАГ ПОЛИТИЧЕСКОГО ВЛИЯНИЯ В ФИНЛЯНДИИ

В Финляндии 45 % потребляемой энергии имеет российское происхождение, а 71 % импортируемой энергии поступает из России. Хотя возобновляемые источники энергии составляют треть энергетической палитры, а уровень самообеспечения по европейским меркам достаточно высок, почти все ископаемое и ядерное топливо поступает в Финляндию из России (см. табл. 4.2). Таким образом, отношения между Финляндией и Россией в сфере энергетики можно охарактеризовать как асимметричные. За исключением электроэнергии, на Финляндию приходится небольшой процент российского экспорта энергоносителей, тогда как импортируемые из России энергоносители, помимо электроэнергии, составляют значительную долю общего объема импорта в Финляндию. Зависимость энергетического сектора Финляндии от российских углеводородов, технологий

Таблица 4.2. Зависимость Финляндии от российских энергоносителей по видам энергии [Statistics Finland 2017]

Вид энергии	Доля импорта из России в общем объеме импорта	Объем	Доля российского экспорта по видам энергии
Уголь	88 %	2,5 млн т	3 %
Нефть	89 %	11 млн т	4 %
Нефтепродукты	80 %	3 млн т	—
Природный газ	100 %	2,5 млрд м³	2,5 %
Уран	71 %	38 т	—
Биомасса	70 %	127 000 т	—
Электроэнергия	7 %	5 ТВт·ч	80 %

ядерной энергетики и экспорта ядерного топлива делает возможным использование рычагов влияния.

Финляндия осознает свою энергетическую зависимость от России, но считает ее приемлемой. Такое отношение основано на либеральных ценностях, демократии и принципах свободной торговли, которые в совокупности обеспечивают позитивную взаимозависимость и сотрудничество. Однако возросшая глобальная конкуренция за экономические и природные ресурсы ставит под сомнение прежние политические взгляды. В настоящее время экономика и торговля в еще большей степени связаны с достижением других (внешнеполитических) целей [Goldthau, Sitter 2015; Wigell, Vihma 2016]; влияние, оказываемое посредством торговли, основано на отношениях зависимости, создаваемых товарными потоками, экономическими выгодами и политической «доброй волей» (или угрозой отказа от нее).

Следовательно, подход к безопасности поставок, исходя из сценария «перекрытия кранов», становится неприемлемым. Вместо этого при анализе энергетической безопасности следует учитывать то, что торговля энергоресурсами, ресурсные потоки и политика влияют на энергетическую политику Финляндии и понимание энергетической безопасности. Соответственно, набор доступных мер для влияния на энергетическую политику целевой страны варьируется в зависимости от отдельных секторов (нефть, газ, уран и ядерная энергетика, уголь, биотопливо), но, что еще более важно, эти меры выходят за рамки одного сектора. Другими словами, усиление ресурсного рычага для влияния на энергетическую политику целевой страны — это одна из асимметричных мер, направленных на продвижение интересов национальной безопасности России. Таким образом, российский энергетический сектор рассматривается как неотъемлемая часть стратегических ресурсов государства, а не как автономный актор (см., например, [Министерство энергетики 2009, 2017; Стратегия 2015]). Поэтому российское руководство смотрит на своих торговых партнеров со стратегической геоэкономической точки зрения: торговая политика проводится с учетом всего спектра государственных интересов. Это означает, что даже если Газпром заключит выгодную сделку по поставкам или «Роснефть» подпишет контракты на поставку нефти с финскими государственными компаниями Gasum и Neste соответственно, мы не можем точно сказать, как выбор, сделанный в этих секторах, скажется или повлияет на решения в, например, ядерной энергетике. Вероятно, Россия хочет, чтобы внешний мир считал, будто все ее решения принимаются централизованно и контролируются центральной властью, но на самом деле мы можем легко обнаружить разрозненные интересы и процессы принятия решений в российском энергетическом секторе (см., например, [Kivinen 2012]). Тем не менее, если посмотреть на экономически и символически важные для путинского режима проекты — такие как, например, ядерная сделка «Росатома» или Fennovoima, — становится очевидным, что действия России ближе к амбициям, изложенным в национальных стратегических документах, и вполне соответствуют российскому мышлению в области внешней политики и безопасности; международные отношения строятся и поддерживаются в рамках всеобъемлющей стратегии. Этот аспект не всегда учитывается при обсуждении энергетической политики в Финляндии и других странах Западной Европы, где крупнейшие энергетические компании действуют на основе рыночной логики, а не логики интересов государственной безопасности.

Можно даже утверждать, что ответственность за обеспечение энергетической безопасности Финляндии была частично возложена на крупные корпорации. Существенная энергетическая зависимость Финляндии от России оправдана экономическими выгодами от торговли энергоносителями для обеих сторон, и при этом практически не уделяется внимания тому, что ожидается от Финляндии в обмен на низкие цены и льготные условия. Но Финляндия связана этими долгосрочными экономическими зависимостями через множество различных отношений. В качестве примера можно привести компанию Neste Ltd, контрольный пакет которой принадлежит государству и которая является важным международным хабом для российских потоков нефти и газа, а также компанию Fortum Ltd, которая имеет доли в финской и российской атомной энергетике и газовой промышленности и в проекте «Северный поток — 2». Это оказывает давление на управление собственностью в компаниях, где государство является мажоритарным владельцем. Чтобы контролировать это влияние, требуется системный подход и особое внимание к геоэкономическим вопросам, однако до сих пор Финляндия не выработала такого стратегического подхода к энергетике.

Приведенные выше рассуждения об энергетической безопасности Финляндии можно считать введением к последующему анализу торговли энергоносителями между Финляндией и Россией сквозь призму политико-экономического влияния и зависимости. В таблице 4.3 приведены факторы, которые представляются ключевыми для каждого энергетического сектора с точки зрения нашего анализа (см. [Sipilä et al. 2017]), основанного на подробном рассмотрении конкретных примеров, связанных с энергетическими компаниями и акторами. В конце этой таблицы делается важное обобщение значимости и логики общей зависимости, которая является основой для развития финско-российского сотрудничества в сфере энергетики и для понимания энергетической безопасности Финляндии.

При обсуждении энергетической безопасности Финляндии часто упоминается тот факт, что все энергоносители, импортируемые из России, могут быть заменены. Разумеется, они могли бы быть заменены в кризисной ситуации, но в нормальных условиях такая замена возможна только *гипотетически*. В обычной ситуации факторы, обеспечивающие зависимость, ограничивают выбор возможных решений. И это хорошо известно российской стороне. В этом случае возможности Финляндии для маневра в большей степени ограничены, чем при сценарии децентрализованных закупок энергоносителей, когда на рынке нет одного доминирующего поставщика ресурсов. Россия могла бы компенсировать отказ от этой торговли и последующую потерю доходов, но для Финляндии это обошлось бы очень дорого. В нормальных условиях невозможно представить ситуацию, когда Финляндия или все страны ЕС могли бы одновременно закупать нефть, газ, уголь, уран и электроэнергию у какого-либо другого государства. Цена бы неизбежно выросла, а прибыли компаний уменьшились. Чрезвычайно трудно показать, что это на самом деле означало бы с точки зрения свободы выбора решений в экономической, энергетической, экологической и внешней политике, принимаемых Финляндией или ЕС, и какие решения принимаются или не принимаются из-за этой зависимости.

Оценке политических последствий данной формы зависимости уделяется очень мало внимания в ЕС; в рассуждениях об энергетической безопасности главным считается безопасность поставок, отсюда и проистекает страх перед «жестким ресурсным оружием» (ср. [Szulecki et al. 2016]). Как бы трудно ни было оценивать возможные политические последствия экономической зависимости, это необходимо ради будущей *симметричной* взаимозависимости между ЕС и Россией. Например, важно определить, как проект Fennovoima и «Росатома» по строительству атомной электростанции (АЭС) повлиял на позицию Финляндии в отношении направленности европейских санкций, введенных после развязывания Россией гибридной войны в Украине; «пряничные» ядерные проекты, предлагаемые «Росатомом», — два из которых реализуются на территории ЕС

Таблица 4.3. Методы влияния России на Финляндию посредством торговли энергоресурсами

	Этап 1 «Госсобственность России»	Этап 2 «Контроль потоков Россией»	Этап 3 «Предпринимаемые Россией меры»	Этап 4 «Реакция Финляндии»
Газ	Контролируется российским государством через Газпром	Экспорт контролируется Газпромом	Низкие цены для поддержания отношений с заказчиками и «добрая воля»	Доля газа в энергетической палитре сокращается, новая газовая инфраструктура ориентирована на децентрализацию, однако потоки Neste остаются неизменными, их трудно заменить
Нефть	В России государству принадлежит ⅔ производства нефти	Государственная компания «Транснефть» экспортирует 85 % добываемой нефти	Экспорт нефти в Финляндию остается на высоком уровне в основном по геоэкономическим причинам	Импорт нефти из России на высоком уровне (80–90 %) из-за цен, инерционности переработки и инфраструктуры, препятствующих децентрализации
Ядерная энергетика	Госкорпорация «Росатом» владеет всей цепочкой	«Росатом» контролирует цепочку поставок	Доля российского урана велика благодаря ценам и отношениям с заказчиками (АЭС); оборудование и электроэнергия предоставляются компанией Fennovoima по низким ценам	Несмотря на очевидные связи с внешней политикой и безопасностью, сотрудничество и торговля в ядерной сфере определяются экономическими соображениями; кризис в отношениях между ЕС и Россией не изменил позицию Финляндии относительно российской атомной энергетики

Биоэнергетика	Сектор биоэнергетики в России находится в частных руках; большое число акторов	Экспорт биотоплива и древесины осуществляется под контролем государства, но при этом задействовано много частных акторов	Биоэнергетика косвенным образом политизирована (экспортная политика), но отделена от непосредственных интересов Российского государства	Невозможно выявить реакцию непосредственно в отношении биоэнергетики; возможно, отсутствие желания увеличивать импорт из-за собственных интересов Финляндии в лесном секторе
Совокупное воздействие общей зависимости	Большинство акторов в российско-финской торговле энергоресурсами контролируется Российским государством — государственные предприятия	Большая часть потоков в российско-финской торговле энергоресурсами контролируется Российским государством	Низкие цены, хорошие условия и минимум политизации обеспечивают продолжение торговли энергоресурсами, что важно для отношений между Финляндией и Россией	У Финляндии есть необходимость определения сотрудничества с Россией в области энергетики, исходя из экономических соображений, подчеркивая важность хороших отношений, и в этом случае уровень зависимости в 70 % рассматривается не как проблема, а как знак доверия

(в Финляндии и Венгрии) [Aalto et al. 2017], — вероятно, могли повлиять на объем введенных в отношении России санкций. В частности, представляется странным, что российский ядерный сектор, который производит уран, АЭС и электроэнергию, а также ядерное оружие и, следовательно, органически связан с насилием России в Украине, полностью избежал западных санкций, хотя они были направлены прежде всего против нефтегазовой отрасли. В свете этого интересно, что после начала войны в Украине зависимость Финляндии от российских энергоносителей только возросла: экспорт из России увеличился с 65 % в 2015 году до 71 % в 2016 году. Было ли это продиктовано энергетической экономикой или нет, но этот рост можно интерпретировать как признак доверия к внешней политике: в то время как другие западные страны «политизируют» торговлю энергоносителями, Финляндия остается «рациональным» актором, который не смешивает экономику с политикой безопасности.

Непрерывность торговли энергоносителями сама по себе уже является важной частью поддержания хороших отношений с Россией, а экономические преимущества, получаемые благодаря торговле, еще больше укрепляют эту связь. В статичном мире, которому не угрожает изменение климата, такая связь не была бы проблемой энергетической политики. Для Финляндии (и остальных стран ЕС), которая осуществляет энергетический переход к безуглеродному обществу, может быть трудно преодолеть эту зависимость, поскольку текущие потоки невозобновляемой энергии приносят значительные экономические выгоды стране и ее государственным компаниям. Именно международные последствия и выбранная траектория зависимости от углеводородной культуры путинской России препятствуют энергетическому переходу не только внутри России, но и в обществах, зависящих от российских энергоресурсов, углеводородов и атомной энергетики. Энергия, получаемая путем деления атомов, является просто одной из «ветвей» российской углеводородной культуры, поскольку ядерная энергетика позволяет сохранить нынешнюю политическую и экономическую стратегию, которая отнюдь *не* ориентирована на декарбонизацию или децентрализацию. И наоборот, значительная доля богатства, созданного за счет продажи нефти и газа на внешних рынках, направляется в российский ядерный сектор (ср. [Josephson 2019]), на атомные электростанции и производство ядерного оружия. Возможность «Росатома» предлагать АЭС, «мирный атом», Финляндии и другим странам по низким ценам в целом появилась благодаря доходам от продажи углеводородов; расчеты, отражающие источники государственных доходов России, показывают, что половина всего финансирования подразделения «Росатома», ответственного за производство ядерного оружия («военного атома»), фактически покрывается за счет нефти и газа.

ЗАВЕТНАЯ ЯДЕРНАЯ ТОРГОВЛЯ ПОРОЖДАЕТ ЗАВИСИМОСТЬ ОТ ПУТИ: АНТИТЕЗИС ДЕКАРБОНИЗАЦИИ

Ядерная энергетика имеет особое значение для России, и, с российской точки зрения, сотрудничество в ядерной сфере остается главным приоритетом в российско-финских отношениях (см. [Президент России 2017]). Природный газ играет ключевую роль в создании энергетической сверхдержавы, но тот факт, что российская нефть, уголь и уран чрезвычайно важны для энергоснабжения Европы, также способствует формированию сверхдержавной идентичности. В России прогресс в реализации проекта «Росатома» в Финляндии в данной политической ситуации преподносится как победа, которая позволяет сочетать традиционную политику силы с идеей энергетической сверхдержавы. Более того, это способствует достижению целей путинского режима по нормализации ситуации в Украине и замораживанию конфликта на ее границах. У Финляндии появляется возможность взять на себя многоплановую роль в этом процессе. Как государство, осуществляющее строгий контроль за ядерной энергетикой, Финляндия является важным примером для продвижения «Росатомом» имиджа мягкой силы России в глобальном масштабе. Кроме того, благодаря этому проекту Финляндии отводится особое место в российской политике в обмен на то, что она не обращает внимания на действия России в Украине. Возможно, это одна из причин, по которой некоторые финны хотят, чтобы проект «Росатома» был реализован: Финляндия принимает проект, обеспечивающий поддержку великодержавных амбиций России и переход к «новой нормальности», в рамках которой сохраняется традиционный особый статус Финляндии в глазах России.

Проект АЭС «Ханхикиви-1» энергетической компании Fennovoima, который реализуется госкорпорацией «Росатом» и ее дочерними компаниями, но все еще ожидает разрешения на строительство от финских властей, в основном финансируется Фондом национального благосостояния России. Стоимость этого проект весьма конкурентоспособна по сравнению с ценами других поставщиков атомных электростанций. «Росатом», цель которого в продвижении интересов России, необязательно должен получать прибыль и потому может предложить Финляндии значительно менее дорогую атомную электростанцию. Ядерный сектор полностью контролируется государственной корпорацией «Росатом», которая занимается практически всем, что связано с атомной промышленностью: ядерной политикой, эксплуатацией АЭС, транспортировкой и повторным использованием ядерного топлива, радиационной безопасностью, а также производством ядерного оружия [Dobrev 2016]. Недавно «Росатом» стал единственным оператором, ответственным за обслуживание и логистику флота атомных ледоколов на Севером морском пути в Арктике. По этой причине атомная отрасль представляет стратегические интересы России посредством наиболее изощренных геоэкономических и геополитических рычагов влияния. Этим влиянием, вероятно, объясняется то, почему введенные Западом санкции практически не затронули российский ядерный сектор (ср. [Pajunen 2014]).

В том, что касается ядерных технологий, Россия вполне самодостаточна, и «Росатому» за период с 2011 по 2017 год удалось на 60 % увеличить свой портфель проектов в области ядерной энергетики. Его доля рынка достигает 17 %, и в настоящее время «Росатом» является одним из крупнейших поставщиков урана [Dobrev 2016; Rosatom 2017]. Безусловно, такое увеличение доли рынка имеет свое экономическое обоснование, но при этом строительство атомных электростанций, владение ими и обеспечение их топливом способствуют достижению геополитических и геоэкономических целей, обеспечивая российское присутствие на 60 и более лет вперед. Как следствие, ядерная энергетика институционализирует политическую власть с помощью инфраструктуры, рассчитанной на длительную эксплуатацию [Oxenstierna 2014]. Однако политические рычаги оказываются гораздо сильнее в тех случаях, когда «Росатом» поставляет уран на АЭС, построенные этой госкорпорацией, принадлежащие ей и эксплуатируемые ею. В случае с финской АЭС «Ханхикиви-1» у «Росатома» есть контракт на поставку урана в течение первых десяти лет, но весьма вероятно, что российский ядерный гигант продолжит поставлять уран и по истечении этого срока. Это возможно потому, что «Росатом» в совершенстве владеет технологиями производства топливных таблеток для ядерных реакторов, поскольку эти технологии разработаны и отлажены для его собственных атомных электростанций. Другим важным фактором является то, что «Росатом» как государственная корпорация, не имеющая обязательств по получению прибыли, может поставлять уран по ценам ниже рыночных. Это позволяет в течение длительного времени поддерживать контроль над потоками ресурсов, а также создавать политические рычаги влияния вне рамок ядерного сектора, притом что на бумаге торговля ураном базируется на принципах свободного рынка. Следовательно, хотя Fennovoima после истечения десятилетнего контракта на поставку урана может закупать его у других поставщиков, топливная экономия будет этому препятствовать.

Ход переговоров между Fennovoima, «Росатомом» и Fortum, начиная с 2014 года, служит хорошим примером особой природы ядерной энергетики, который подчеркивает прочные внешнеполитические связи в российско-финском сотрудничестве в области атомной энергетики: процессы принятия решений предполагали гибкость в отношении согласованных сроков, финское правительство активно участвовало в этих процессах вместе с частной компанией (Fennovoima), а контролируемой государством компании Fortum настойчиво предлагалось войти в состав акционеров. Сотрудничество в ядерной энергетике и успешное продвижение в реализации проекта Fennovoima и «Росатома» официально признаны [Ministry for Foreign Affairs in Finland 2016] чрезвычайно важными для укрепления хороших отношений между Финляндией и Россией. Правительство и ряд политических партий представляют этот проект с участием «Росатома» выгодным с точки зрения экономики, экологии и энергетической политики. Таким образом, его оценка с точки зрения внешней политики и политики безопасности была сочтена ненужной. Однако проблемы, с которыми сталкивается проект, отражаются на отношениях между странами, в том числе на возможностях финских компаний, таких как Fortum, работать в России.

Сотрудничество в области ядерной энергетики не только имеет значение для внешней политики Финляндии в отношении России, но и в определенной степени определяет ее направленность. Наконец, такое сотрудничество может препятствовать быстрой энергетической трансформации в Финляндии. АЭС «Ханхикиви-2», еще один новый проект, уже включенный в повестку торговой политики России, ограничит рост доли возобновляемых источников энергии в Финляндии, поскольку большая и неизменяемая доля ядерной энергетики в системе электроснабжения затрудняет расширение использования альтернативных возобновляемых источников энергии, в первую очередь солнечной и ветроэнергии (см. [Kopsakangas-Savolainen, Svento 2012]).

Поскольку Финляндия по очень низким ценам получает из России энергоносители и инфраструктуру для производства энергии, имеет смысл разобраться, из чего она исходит (помимо учета рыночных цен). Говоря о целях, которые напрямую не связаны с энергетикой, одна из главных задач России — не допустить вступления Финляндии и Швеции в военные блоки. В связи с этим стоит задаться вопросом: что произошло бы с ценообразованием на нефть (например, с ценами на ее транспортировку) и особенно с потоками энергоресурсов и технологиями в газовом и атомном секторах энергетики, если бы Финляндия сделала иной выбор и, например, вступила бы в НАТО?

СДЕЛКА FENNOVOIMA С «РОСАТОМОМ» НАСЫЩЕНА ЭНЕРГЕТИЧЕСКОЙ МОЩЬЮ

Осенью 2015 года правительство Финляндии приняло предложение по строительству АЭС мощностью 1200 МВт, которое было подготовлено финско-российской энергетической компанией Fennovoima (что в переводе обозначает «финская энергетика»). Правительство приняло решение начать реализацию проекта «Росатома» сразу после того, как Россия оккупировала Крымский полуостров и развязала гибридную войну на востоке Украины. Первоначально предполагалось, что атомная электростанция Fennovoima будет профинансирована и построена немецко-финским консорциумом, но немецкая энергетическая компания E.ON вышла из проекта в октябре 2012 года. Этот консорциум намеревался построить более мощную АЭС (1600–1700 МВт) в городе Пюхяйоки на севере Финляндии, используя технологии либо французской компании Areva, либо японской Toshiba. Финской энергетической компании Voimaosakeyhtiö SF — с инвестициями финских предприятий тяжелой промышленности, компаний розничной торговли и муниципальных предприятий электро- и теплоснабжения — принадлежало 66 % акций, а немецкой E.ON — 34 %.

В 2013 году «Росатом» предложил не только построить новую финскую атомную электростанцию, но и покрыть необходимые инвестиционные затраты, составлявшие треть от примерно 8 миллиардов евро на весь проект. Французская компания Areva строила (и продолжает строить в 2019 году) печально известную АЭС «Олкилуото-3» на юге Финляндии. После возникновения серьезных проблем с качеством, приведших к задержкам строительства и перерасходу средств, Areva не была включена в новый тендер Fennovoima. Toshiba подала полноценную заявку, однако финская сторона отдала предпочтение заявке «Росатома». Руководство Fennovoima, определенно, было в меньшей степени заинтересовано в технологиях Toshiba после аварии на Фукусиме, и его привлекло щедрое предложение «Росатома» частично профинансировать и построить АЭС в дополнение к предоставлению поддержки и уранового топлива.

После того как Россия была вовлечена в войну в Украине, вероятность политизации проекта Fennovoima значительно возросла. В феврале 2014 года, в то же время, когда Россия оккупировала Крым, правительство Финляндии подписало соглашение со своим восточным соседом о сотрудничестве в области ядерной энергетики. Тот факт, что со стороны России соглашение было подписано главой «Росатома» Сергеем Кириенко, продемонстрировало истинную природу госкорпорации: «Росатом» практически является Министерством ядерной энергетики и вооружений Российской Федерации. Эта сделка укрепила позиции «Росатома» относительно других международных атомных компаний — как, например, Toshiba, конкурента «Росатома» по проекту Fennovoima, которые пытались составить ему конкуренцию на финском энергетическом рынке.

Проект строительства АЭС «Ханхикиви-1» стал еще более интересным с точки зрения внешней политики и политической энерговласти, когда финское правительство установило 60-процентный порог для внутреннего финансирования: чтобы быть принятым, по крайней мере 60 % акций Fennovoima должно находиться в руках финских акционеров или других субъектов в ЕС. Это решение стало следствием активизации общественного обсуждения вопроса о том, следует ли допускать «Росатом» к строительству и финансированию АЭС «Ханхикиви-1» в ситуации, когда Россия нарушает международные соглашения и право. Вопрос встал еще более остро после того, как несколько финских инвесторов вышли из проекта, возможно, опасаясь имиджевых потерь от инвестиций в проект, поддерживаемый Россией, что означает, что доля иностранного участия может превысить 50 %. «Росатом» выразил готовность выделить финансирование в большем размере, чем первоначально согласованные 34 %.

В конце 2014 года финская государственная энергетическая компания Fortum, которая поставляет тепло- и электроэнергию на рынки Северной Европы и России, объявила, что может инвестировать 15 % стоимости проекта АЭС Fennovoima. Это гарантировало бы необходимую долю собственности финских акционеров. Одним из условий заявки Fortum была передача ей гидроэнергетических активов Газпрома в региональной энергетической компании ТГК-1 на Северо-Западе России. Переговоры между Fortum, Газпромом и «Росатомом» о российских гидроэнергетических активах продолжались с конца 2014 года по лето 2015 года, но не увенчались успехом для Fortum.

Эти активы, очевидно, были экономически и стратегически (геополитически и геоэкономически) слишком важны для Газпрома и путинского режима, чтобы их можно было использовать в качестве компромисса в сделке Fennovoima и «Росатома». В июне 2015 года, вопреки желаниям и ожиданиям Fortum и правительства Финляндии, Газпром не передал гидроактивы, а вместо этого представил хорватскую компанию в качестве нового европейского инвестора. Вскоре выяснилось, что владельцами хорватской компании Migrit Energija были два сына российских олигархов, недавно получившие хорватское гражданство. Предполагалось, что эта «хорватская» мини-компания с двумя владельцами и ликвидностью в несколько миллионов евро инвестирует 150 миллионов евро в проект Fennovoima. Было понятно, что это российская подставная компания, тем паче что ее кредитором должен был выступить Сбербанк России. Этот гамбит «Росатома» и путинского режима еще больше политизировал проект. Финское правительство пообещало парламенту, что необходимые доли в собственности будут приобретены к июню 2015 года. Но поскольку до истечения установленного срока финские (европейские) инвесторы не были найдены, российская сторона попыталась продвинуть проект с помощью своей хорватской марионетки [Nikkanen 2015]. Этот маневр дал российской стороне возможность продолжать переговорный процесс, одновременно проверяя финскую сторону. Срок, установленный правительством для нахождения необходимых европейских инвесторов, был внешне соблюден, но было ясно, что финское правительство откажется признать хорватскую компанию европейской. Более того, это предложение еще больше снизило шансы Fortum на успешное решение вопроса о компромиссе с получением гидроэнергетических активов. В Москве было хорошо известно (например, через бывшего главу «Росатома» и посла России в Финляндии Александра Румянцева), что консервативное финское правительство стремится протолкнуть проект АЭС Fennovoima. В начале осени 2015 года компания Fortum, наконец, объявила, что выступит в качестве инвестора (с долей 6,6 %) и гарантирует необходимые европейские инвестиции в строительство АЭС. Ко всеобщему удивлению, инвестиционные обязательства были приняты без получения компанией Fortum гидроэнергетических активов на Северо-Западе России. Этот результат вызвал подозрения, что финское правительство оказало давление на Fortum — независимую компанию, зарегистрированную на бирже, — чтобы она предприняла асимметричный шаг после переговоров на министерском уровне в Москве. Генеральный директор Fortum заявил, что «участие в этом проекте не было целью Fortum Ltd, но наши (финансовые) обязательства позволяют продолжить реализацию проекта Fennovoima в соответствии с графиком, установленным правительством Финляндии» [Fortum 2015]. Это заявление прекрасно отражает давление, оказываемое финским правительством на независимую акционерную компанию (хотя и с мажоритарным участием государства) во время и после переговоров в Москве по ядерной сделке.

Эта хронология демонстрирует, что крупные сделки в энергетике, особенно в атомной, имеют внешнеполитические последствия и тесно связаны с энерговластью. Россия, однако, является стороной войны в Украине, а Финляндия, наряду с другими государствами — членами ЕС, ввела против России экономические санкции, которые, в частности, направлены против ее энергетического сектора. В свете этого заверения в том, что проект АЭС Fennovoima не имеет отношения к внешней политике и политике безопасности, — заверения, сделанные финскими и российскими акторами, которые хотят, чтобы проект осуществился, — звучат по меньшей мере странно.

Политики, поддерживающие корпорацию «Росатом», обвинили ее критиков в предвзятости и недостаточном патриотизме, что само по себе свидетельствует о важной роли внешней политики в этом проекте. Бывший премьер-министр Александр Стубб заявил о демонизации России. Критики проекта были обвинены в русофобии [Eduskunta 2014]. Все это, конечно же, политическая риторика, но нельзя не удивляться, когда подобные проекты заставляют премьер-министра утверждать, что критика корпорации, контролируемой государством, находящимся в состоянии войны, считается равносильной критике всей страны и ее граждан. Члены парламента, проголосовавшие за санкции в отношении российского энергетического сектора, похоже, не возражают против приверженности Финляндии проекту, который имеет огромное символическое и реальное значение для путинского режима. Это показывает, насколько чувствительна эта тема для Финляндии. Помимо прочего, столь интересной и в то же время проблематичной эту дискуссию делают заявления о том, что энергетическая политика, особенно в отношении ядерной энергетики, может быть отделена от международной политики. Энергетическая политика Финляндии представлена как обладающая иммунитетом к власти, которая реализуется глобально посредством энергетики.

МОЖЕТ ЛИ АТОМНАЯ ЭНЕРГЕТИКА СПОСОБСТВОВАТЬ ВЗАИМОЗАВИСИМОСТИ И МИРУ?

Главным аргументом в пользу проекта «Росатома» можно считать идею о том, что сотрудничество в ядерной энергетике способствует укреплению доверия и развитию мирных отношений между Россией и Финляндией, Россией и ЕС в долгосрочной перспективе. По сути, эта идея основывается на наследии восточной политики (Ost-Politik), которая была предложена социал-демократами и осуществлялась в Западной Германии начиная с 1960-х годов (см., например, [Högselius 2013]). Эта политика предполагает, что любая экономическая деятельность, независимо от того, с какими товарами или отраслями она связана, выгодна обеим сторонам: она не только приносит достаток, но и укрепляет взаимное доверие и добрую волю. Подразумевается, что торговля должна смягчить позицию более авторитарной стороны и сделать более прозрачными взаимоотношения всех участников процесса, способствуя развитию институтов и в конечном счете демократии. Хотя эта идея не была прямо выражена в финских дебатах о российской ядерной энергетике, она присутствует, например, в заявлении, сделанном Юни Бакманом, бывшим депутатом от социал-демократической партии и в то время председателем парламентской группы, который в 2014 году сказал: «Мы сотрудничаем с Россией в области ядерной энергетики на протяжении десятилетий, и один кризис (война в Украине) этого не изменит» [Helsingin Sanomat 2014]. Этот призыв к прагматизму может основываться на одном из двух предположений. Либо экономическое сотрудничество с воинственными авторитарными режимами способствует миру и демократии, либо, поддерживая этически проблематичное развитие отношений, не следует смешивать торговлю и политику. Первое из этих предположений идеалистично, а второе цинично. Последующий аргумент Бакмана подтверждает циничное предположение: «У нас никогда не было никаких проблем». Другими словами, этические вопросы не имеют значения до тех пор, пока энергоресурсы доступны на надежной основе.

Бакман и член Центристской партии Маури Пеккаринен, в то время депутат парламента [Ibid.], (каковы бы ни были их истинные убеждения) призвали Финляндию закрыть глаза на оккупацию Крыма и Восточной Украины точно так же, как многие западноевропейские страны закрывали глаза на оккупацию Чехословакии в 1960-х годах. После Пражской весны 1968 года и последовавшей за ней советской оккупации ряд западноевропейских стран — в первую очередь Финляндия, Италия и Западная Германия — в духе Ost-Politik заключили несколько нефтяных и газовых сделок с Советским Союзом. Сейчас Финляндия, в сущности, следует этой политике в отношении сделки Fennovoima, — как и Германия, которая продвигает проект газопровода «Северный поток — 2».

В свете этой стратегии умиротворения, выбранной некоторыми европейскими странами, интересно посмотреть на аргументацию и обоснование того, почему ядерная энергетика является той областью энергоснабжения, которую следует вывести за рамки энергетической политики. Например, в радиоинтервью [Pajunen 2014] депутат парламента от Национальной коалиционной партии Синухе Валлинхеймо и бывший министр обороны Карл Хаглунд, представляющий либеральную Шведскую народную партию, выразили мнение, что реализация ядерного энергетического проекта при поддержке России не имеет отношения к политике безопасности. Бывший хоккейный вратарь Валлинхеймо не верит, «что Россия будет оказывать давление на Финляндию», и утверждает, что по этой причине следует прагматически отделить бизнес в сфере атомной энергетики от политики. При этом он, однако, считает российскую хоккейную лигу КХЛ проявлением «старого геополитического мышления», которое связывает бывшие соседние государства с российской сферой влияния и направлено на «приукрашивание политического имиджа России». В его риторике получается, что хоккей — это геополитика, а ядерная энергетика нет.

С другой стороны, бывший министр обороны Хаглунд заявил, что строительство и эксплуатация АЭС не связаны с политикой безопасности. Однако отказ от российского поставщика стал бы явным оскорблением для России. Эксплуатация АЭС регулируется Законом о ядерной энергетике и направлена исключительно на удовлетворение потребности общества в электроэнергии. Установленный в качестве дополнительного условия минимальный уровень (60 %) участия европейских инвесторов в проекте Fennovoima делает такое избирательное пренебрежение политикой безопасности странным выбором. Если бы не было внешнеполитических рисков, связанных с участием в проекте и эксплуатацией атомных электростанций, а производство и продажа производимой ими электроэнергии были просто бизнесом, то для этого проекта не было бы установлено таких ограничений. Безусловно, политика в области ядерной энергетики должна быть тесно увязана с внешней политикой и политикой безопасности, и невыполнение этого требования способствует осуществлению величайшего желания путинского режима — Европа согласится отделить экономику от политики именно теперь, когда Россия достигает своих военных целей, создавая еще один замороженный конфликт у своих границ. При этом Финляндия неизбежно предстает как страна, которая, независимо от политической ситуации, исторически пользуется особым статусом, предоставленным ей Россией, и — в данном случае — получает атомную электростанцию по разумной цене, гарантированной правительством.

Что, если Финляндия и Европейский союз (Запад) захотят использовать энергетическую политику для укрепления взаимозависимости и мира? В этом случае сотрудничество должно быть ориентировано на совершенно иные области, нежели российские углеводороды или ядерная энергетика, последняя из которых связана с производством оружия массового поражения как организационно, так и через топливную цепочку. Более того, добыча урана и производство ядерной энергии способствуют созданию централизованной энергетической инфраструктуры, которая позволяет осуществлять власть в энергетическом секторе и в обществе значительно меньшей группе, чем это возможно в случае децентрализованной энергетической системы. Таким образом, сотрудничество с путинской Россией в ядерной сфере равнозначно продвижению централизованной энерговласти углеводородной культуры, наряду с поддержкой производства ядерного оружия — самого опасного компонента великодержавных устремлений России. Развитие ядерной энергетики идеально соответствует авторитарному правлению Путина, так как секретность внутри этой отрасли (мы вряд ли увидим в России сертифицированные цепочки поставок урана с прозрачным обсуждением социальных и экологических последствий) облегчает сохранение контроля в руках руководства страны. Влияние ядерной энергии на производство и потребление противоположно влиянию солнечной электроэнергии, энергии ветра или биоэнергии. Возобновляемые источники энергии, как правило, производятся и потребляются на обширной территории: бóльшая часть населения, многие организации, малые и средние компании вовлечены в производство и транспортировку энергии. Поэтому переход от невозобновляемых источников — нефти, газа, угля и урана — к возобновляемым стимулирует диверсификацию экономики по всей товарной цепочке как в России, так и в Финляндии. Диверсифицированная экономика способствует прозрачности и созданию равных условий для всех предприятий, малых, средних и крупных. Такая экономика становится основой для усиления институтов и укрепления демократии и является антитезой путинской углеводородной культуре. К этой теме я вернусь в заключительной главе. Как и нефтегазовый сектор, урановая промышленность связана с конкретными местами добычи и узкими транспортными коридорами — вертикальными и горизонтальными *критическими географическими участками*, такими же, как и в случае углеводородов. В России в этих отраслях занята лишь небольшая часть рабочей силы — и это притом что доходы от экспорта энергоносителей составляют более половины российского бюджета. Финляндия могла бы более эффективно способствовать устойчивому развитию России посредством торговли, связанной с возобновляемыми источниками энергии, чем за счет импорта ядерной энергии или углеводородов.

МОЖЕТ ЛИ «ФИНСКАЯ ЭНЕРГЕТИКА» УМЕНЬШИТЬ (ЭНЕРГО)ЗАВИСИМОСТЬ ФИНЛЯНДИИ ОТ РОССИИ?

Одной из причин для обоснования необходимости проекта Fennovoima было снижение зависимости Финляндии от электроэнергии, которая импортируется из России и покрывает чуть менее 10 % потребностей Финляндии. После того как «Росатом» был выбран в качестве поставщика и совладельца АЭС, сторонники проекта изменили свое мнение. В докладе парламенту об энергетической политике бывший премьер-министр Стубб утверждал, что «вопреки ожиданиям, проект уменьшит нашу зависимость от российских энергоносителей» [Eduskunta 2014]. По его мнению, этот проект не уменьшит зависимость Финляндии от импорта электроэнергии, но уменьшит зависимость страны от российских энергоносителей.

При этом производимая АЭС электроэнергия не заменит российский газ, поскольку значительный объем потребления газа приходится на промышленные предприятия, в первую очередь нефтеперерабатывающие заводы компании Neste Ltd, а также на производство электроэнергии и тепла, которые в основном поставляются в столичный регион Хельсинки. С другой стороны, если исходить из того, что атомная электростанция «Росатома» полностью компенсирует электроэнергию, которая сейчас поступает в Финляндию из России, то зависимость от импорта электроэнергии фактически уменьшится. Мощность новой АЭС в 1200 мегаватт в три раза превосходит объем электроэнергии (400 МВт), импортируемой из России в Финляндию. Однако 30-процентная доля «Росатома» в АЭС позволяет ему продавать 400 мегаватт производимой электроэнергии на рынках скандинавских стран, на энергетической бирже Nordpool или в Россию и Эстонию (через Estlink).

Торговля электроэнергией стала двусторонней в 2015 году, но в будущем «Росатом» может продать свою долю России, если она того пожелает, и ситуация с поставками электроэнергии не изменится. Кроме того, трансграничная торговля электроэнергией полностью контролируется другой российской государственной компанией — «Интер РАО». Хотя финская сторона не вправе решать, сколько электроэнергии пересекает границу, национальный сетевой оператор Fingrid утверждает, что операции, которые не соответствуют рыночной логике (например, продажа электроэнергии в Россию, когда цена в Финляндии выше), легко выявляются. Однако можно вспомнить ситуацию с импортом электроэнергии в 2011 и 2012 годах: сославшись на экономические причины, «Интер РАО» сократило импорт электроэнергии в пиковые зимние часы, сумев таким образом манипулировать ценами на электроэнергию в Финляндии. В ответ на угрозу подобных искажений рыночных принципов бывший премьер-министр Стубб попытался успокоить людей, заявив, что «Росатом» обеспечивает примерно половину потребляемой Украиной электроэнергии и остается вне сферы военных действий. Это заявление не учитывает тот факт, что хроническая зависимость Украины от российских энергоносителей в 2013–2016 годах была связана с общим воздействием атомной энергетики и поставок газа и что Россия десятилетиями использует энергетику как средство оказания давления. Нет необходимости использовать ядерную энергию для влияния на Украину. Но такая возможность действительно существует, что делает газ еще более эффективным методом для такого давления. Лишь недавно Украине удалось уменьшить свою зависимость от российских газа и урана.

Для продвижения своих геополитических интересов Россия, несомненно, использует энергетику как значимый компонент своей внешней политики. В рамках великодержавных устремлений путинского режима Россия вполне *рационально* использует энергетику в качестве фактора политической власти в международном контексте. В дополнение к ядерному сдерживанию у России для оказания влияния на международном уровне есть только углеводороды и атомная энергетика. Российские стратегии использования власти, связанные с энергетикой, различаются в разных контекстах: например, то, что эффективно в Украине и Молдове, нельзя скопировать в Финляндии или Германии. Финляндия является одним из объектов энергетической дипломатии России, хотя у Финляндии никогда не было никаких проблем с поставками энергоносителей из России. Однако зависимость Финляндии от российских углеводородов и урана (70 % энергоносителей поступает из России) усиливает риски в производстве электроэнергии. Достаточно уже самой возможности манипулирования рынком электроэнергии. Поэтому настойчивое утверждение некоторых финских политиков и экономистов о том, что сделка с российской атомной корпорацией никак не связана с внешней политикой и политикой безопасности, вызывает беспокойство, поскольку меры, предпринимаемые как финскими, так и российскими акторами, ясно демонстрируют, что ядерный бизнес в высшей степени политизирован. Хотя ядерная энергетика производит очень мало парниковых газов, которые повышают температуру на планете, ядерная стратегия путинского режима, которая прочно базируется на углеводородной культуре, энергетических сетях и ресурсной ренте, является антитезой декарбонизации и децентрализации, необходимым для устойчивого и мирного развития России как страны, заслуживающей уважения и доверия.

Глава 5
Национальное табу углеводородной культуры

Изменение окружающей среды в Арктике

В этой главе я хочу проанализировать, как российская углеводородная культура манифестирует себя в Арктике. В частности, я задаюсь вопросом, какую роль играет русский Север, одно из главных направлений геополитики путинской России, в обеспечении ее будущего и в сохранении выбранного экономического и политического курса. Я использую пространственные особенности энергетики, включая ключевую проблему *утечки углерода*, чтобы показать, как российская углеводородная культура способствует возникновению экологических проблем на локальном и глобальном уровнях, действуя как своего рода «геологическая сила», которая преобразует окружающую среду Арктики для удовлетворения потребностей самой этой культуры. В этом процессе углеводородная культура опирается на три арктических парадокса: локальный, национальный и глобальный. Она не в состоянии разрешить эти парадоксы; вместо этого они неявно определяются как социальные табу. Неспособность справиться с этими проблемами становится главным препятствием на пути к устойчивому развитию России.

ЗАВИСИМОСТЬ ОТ ВЫБРАННОГО ПУТИ
И НАЦИЕСТРОИТЕЛЬСТВО В «ИСКЛЮЧИТЕЛЬНОМ»
КОНТЕКСТЕ АРКТИКИ

Арктика вызывает множество ассоциаций и эмоций. С «авантюрно-романтической» Арктикой связаны географические открытия, мужество первопроходцев, научные исследования и прогресс. Холодная война, поиски и преследование подводных лодок, секретные военные базы и региональные экологические проблемы, как, к примеру, радиоактивные осадки, вызванные ядерными испытаниями, — таковы атрибуты Арктики как «поля сражений». Семантическое поле «глобальной» Арктики включает в себя межправительственное сотрудничество с целью укрепления взаимопонимания в регионе, а также международные экологические движения и коренные народы Севера, которые заявляют о настоятельной необходимости принятия мер в связи с глобальным изменением климата. В XX веке политический имидж Арктики претерпел многочисленные метаморфозы, и мы, очевидно, наблюдаем новый поворот в борьбе за Арктику. На протяжении последнего десятилетия в повестке сотрудничества в Арктике, в которой особое внимание уделяется низовому уровню, такому как взаимодействие между межправительственными институтами, неправительственными организациями и коренными народами Севера, мы видим возрождение «трудных» вопросов. Ожидается, что изменение окружающей среды приведет к открытию новых ресурсов для добычи, и на волне экономических амбиций геополитика вновь приобретает важную роль в определении Арктики. Глобальный «арктический парадокс», который описывает ситуацию, когда меняющийся климат, с одной стороны, позволяет добывать новые энергетические ресурсы, а с другой — ведет к еще большему изменению климата [Heininen 2018], похоже, игнорируется, в то время как мир пристально смотрит на минеральные богатства Арктики [Gritsenko 2018]. На самом деле глобальный арктический парадокс — это этическая проблема, поскольку парниковые газы, выделяющиеся в результате добычи и использования углеводородов, оказывают особенно сильное воздействие на Арктику. Кроме того, неопределенности, связанные с быстрым таянием морского льда и вечной мерзлоты, замалчиваются, тогда как экономические перспективы индустриализации Арктики преувеличиваются [Gritsenko, Tynkkynen 2018; Palosaari, Tynkkynen N. 2015] (см. также главу 6). Эти глобальные тенденции, по всей видимости, особенно актуальны в России, для которой Арктика из «непригодной для жизни» периферии (см. ниже раздел об определении устойчивости) превращается в один из центров геополитики, по-новому переплетающийся с государственным строительством и формированием политической идентичности великой державы. Несколько лет назад Марлен Ларуэль [Laruelle 2012] предположила, что три центральных дискурса, связанных с геополитикой, национальной идентичностью и государственным строительством в путинской России, — это Евразия, космос и Арктика. Тем, кто следит за российской политикой, евразийство и связанное с ним геополитическое воодушевление знакомы по демагогам, которые выступают с различных трибун в России и за ее пределами после перелома, вызванного войной в Украине. По их мнению, Россия — это находящаяся на подъеме евразийская империя, которая отделена от «загнивающей» и приходящей в упадок Европы. Космос отсылает как к космической гонке времен холодной войны, советской эпохе, к которой россияне испытывают все бо́льшую ностальгию, так и к духовности, которая возрастает вместе с политической значимостью Русской православной церкви. Наконец, арктические цели и идеалы обсуждаются также в контексте истории, поскольку этот дискурс апеллирует к достижениям Советского Союза на Крайнем Севере. Таким образом, геополитический дискурс путинской России о государственном строительстве отчасти строится на основе избирательного использования истории царской и советской эпох (см., например, [Tynkkynen 2016a]). Этот дискурс, естественно, ориентирован на будущее, в котором достижения в Арктике проложат путь к укреплению национальной экономической мощи.

Геополитический дискурс об Арктике, сформировавшийся в России в течение последнего десятилетия, можно считать следствием ряда глобальных, региональных и национальных явлений и процессов. Одним из наиболее важных факторов является изменение климата, которое ускоренными темпами происходит в регионе. Ви́дение свободного ото льда Северного Ледовитого океана, а также оценки богатых залежей углеводородов на континентальном шельфе российской части Арктики играют ключевую роль в стимулировании экономической активности в регионе. Возникающие на стыке геополитических дискурсов о Евразии и Арктике ожидания того, что таяние льда превратит Северный морской путь в основной маршрут, связывающий Европу и Азию, свидетельствуют о том, насколько тесно переплетены экономические и политические потребности правящего режима [Medvedev 2018]. Императивы внутренней и внешней политики, отчасти символические, отчасти вынужденные, толкают путинскую Россию к наращиванию военного присутствия в Арктике, чтобы подчеркнуть свой суверенитет в регионе, — например, посредством территориальных претензий [Baev 2018]. Кроме того, выбор в пользу развития углеводородного сектора, сделанный как по экономическим, так и по политическим соображениям, вынуждает Россию расширять свою деятельность в Арктике. Однако это не выбор в первоначальном значении этого слова, а скорее зависимость от выбранного пути, обусловленная углеводородной культурой и ее пространственной логикой: эта культура предполагает создание благоприятных условий для добычи нефти и газа в ущерб другим отраслям национальной экономики и отдает предпочтение масштабным государственным проектам, осуществляемым с помощью авторитарного правления. Зависимость от выбранного пути относится не только к российской экономике и политике, но в процессе формирования углеводородной культуры распространяется на общество и культуру в целом [Tynkkynen 2016a, 2016b].

Из-за относительно низких цен на нефть многие арктические мегапроекты на какое-то время приостановлены. Предусмотренные Энергетической стратегией Российской Федерации 2009 года масштабные планы по насыщению Арктики морскими нефтяными платформами и газопроводами не осуществились, несмотря на то что Россия пыталась повлиять на цены на нефть, заключив в конце 2016 года сделку с ОПЕК о сокращении добычи нефти. Два энергетических комплекса, строительство которых планировалось еще до падения цен на нефть в 2014 году, все-таки были реализованы — нефтяное месторождение «Приразломная» в Карском море и объекты по производству и транспортировке СПГ «Ямал СПГ» на полуострове Ямал, однако инвестиции в эти проекты могут оказаться рискованными как для Российского государства, так и для частных инвесторов. На данный момент практически не осталось международных компаний, готовых участвовать в арктических энергетических проектах, прежде всего из-за низких цен на нефть, но также из-за санкций, введенных западными странами против России после начала агрессии в Украине (см., например, [Aalto 2016]). Эти санкции, в частности, направлены против дальнейшей разработки Россией углеводородных месторождений в Арктике. Учитывая важность Арктики для путинского ви́дения будущего России, вряд ли можно ожидать, что масштабные планы по освоению Арктики, которые пока остаются в ящиках правительства, будут отменены. Однако без западных энергетических технологий, которые сейчас подпадают под действие санкций, освоение Россией энергоресурсов Арктики будет непростым, если вообще возможным [Ibid.]. В связи с этим в российском внешнеполитическом дискурсе особо подчеркивается важность сотрудничества в Арктике и утверждается, что Арктический форум действительно стал ареной единомышленников и поэтому его деятельность не зависит от конфликтов в других местах — в Украине, в Сирии и других странах. Однако в то же время во внутриполитическом дискурсе и риторике, ориентированных на население России, Арктика определяется как территория, где интересы России расходятся с интересами других, прежде всего западных стран, цель которых якобы заключается в разграблении природных богатств России [Gritsenko, Tynkkynen 2018] (см. также обсуждение ниже). Поэтому рассмотрение Арктики в «исключительном» контексте, в котором все акторы подчеркивают верховенство закона и действуют в соответствии с международными нормами, хорошо вписывается в безальтернативную позицию российской политической элиты, которая навязчиво цепляется за углеводороды.

Для некоторых западных и азиатских участников рынка такая исключительность может быть привлекательна (пусть даже и по наивности) в надежде на быструю экономическую отдачу. Вместе с тем продолжение сотрудничества в области энергетики, окружающей среды и культуры в Арктике может стать одним из факторов, способствующих разрядке напряженности между Россией и Западом. Это сотрудничество следует развивать, не забывая при этом о политических и экологических рисках, связанных с такой линией поведения. Именно в данный момент необходимо задать вопрос: какие цели преследуются заинтересованными сторонами во имя «арктической исключительности»? Хочет ли мировое сообщество способствовать развитию такой России, которая чувствует себя вполне комфортно благодаря огромным запасам углеводородов, тем самым продвигая углеводородную культуру и обрекая страну на еще бо́льшую зависимость от ресурсов, в результате чего разрушаются демократические институты и укрепляется централизованная и непредсказуемая власть? Или же мы готовы рассматривать Россию и ее северные пространства в ином контексте, где главным источником процветающей и устойчивой экономики будут местные источники жизнеобеспечения, где власть серьезно относится к смягчению последствий климатических изменений и адаптации к ним, в том числе путем реализации смелой инвестиционной программы, ориентированной на огромный потенциал возобновляемых природных ресурсов и энергии?

ПАРАДОКСЫ УГЛЕВОДОРОДНОЙ КУЛЬТУРЫ РОССИИ В АРКТИКЕ

Великодержавные амбиции России проявляются в Арктике через сочетание традиционного суверенитета, закрепляющего «новую» территорию, экономической ренты, получаемой от природных ресурсов региона и морских путей, и укрепления имиджа глобальной энергетической сверхдержавы. Несмотря на российское представление о жизненном пространстве (Lebensraum) [Laruelle 2012], арктическая политика будущего также должна определяться сотрудничеством. Однако нынешний политический курс России создает для нее целый ряд парадоксальных рисков на пути к освоению Арктики.

Российский арктический парадокс в меньшей степени соотносится с этической проблематикой, чем глобальный арктический парадокс: климатические изменения приводят к таянию льдов и последующему расширению добычи углеводородов в Арктике. Российский парадокс связан с колебаниями мировых цен на нефть и меняющимися представлениями о России как о великой державе. Он вызван необходимостью заметного присутствия России в Арктике и вдоль Северного морского пути для укрепления статуса Великой державы, а также хронической зависимостью России от углеводородов в экономическом, политическом и даже культурном смысле (см., например, [Gustafson 2012], а также главу 3). Эти факторы вынуждают Российское государство продвигать и финансировать пока нерентабельные нефтяные проекты в Арктике и делать все возможное, чтобы влиять на нефтяные цены посредством своей энергетической дипломатии и внешней политики на мировой арене и тем самым сделать эти проекты прибыльными и увеличить доходы бюджета. С другой стороны, на низовом уровне мы наблюдаем локальный арктический парадокс: рабочие поселки, связанные с добычей углеводородов, получают хорошую поддержку со стороны властей, и даже общины коренных жителей «субсидируются» — или же им компенсируются экономические потери, вызванные нефтегазовой промышленностью, — но при этом отсутствуют долгосрочные экономические и социокультурные стратегии, выходящие за рамки развития углеводородной индустрии [Henry et al. 2016]. Этот локальный арктический парадокс отражает общий вопрос, который встает перед российским обществом: как достичь процветания после нефти? В отличие от глобального арктического парадокса, локальный арктический парадокс на Крайнем Севере России легче поддается решению, например с помощью практики корпоративной социальной ответственности, которую мы наблюдали на полуострове Ямал [Tynkkynen et al. 2018]. Однако до тех пор, пока эта деятельность подается как «благотворительность», что характерно для крупных компаний на Крайнем Севере — Газпрома, «Роснефти» и «Новатэка», — этот парадокс не может быть разрешен на стратегическом уровне. В этом отношении решающую роль могли бы сыграть согласованные на международном уровне цепочки поставок и товарные сертификаты (см. заключительную главу). В конечном счете именно страны ЕС, Япония и Китай являются основными потребителями российских энергоресурсов, и в их интересах повысить ответственность по всей цепочке поставок.

Изучая арктические парадоксы России в рамках междисциплинарных исследований в дополнение к вышеупомянутому пространственному подходу, мы можем получить более детальную картину факторов и зависимостей от выбранного пути, которые стоят за этими парадоксами. Во-первых, с точки зрения политической экономии повестка дня и решения относительно индустриализации российской Арктики представляются вполне оправданными, по крайней мере в краткосрочной перспективе. Запасы углеводородов в Арктике чрезвычайно важны для поддержания высокого уровня добычи нефти и газа и связанных с ними доходов. Ресурсная рента играет значимую роль в популярности Путина; наряду с укреплением военного потенциала и структур внутренней безопасности, доходы от продажи углеводородов используются на благо российских граждан через схемы социальных трансфертов и благодаря эффекту «просачивания» в экономику. Связь между ресурсной рентой и популярностью режима, по всей видимости, пока сохраняется, несмотря на то что в эпоху Путина, начавшуюся в 2000 году, богатство российской нации — капитал, связанный с энергоресурсами, — накапливается в руках все меньшего числа людей, тогда как значительная часть населения все еще живет за чертой бедности [Shorrocks et al. 2016]. Контроль над этой рентой также жизненно важен для самосохранения правящего режима, поскольку лояльность политической и экономической элиты — в первую очередь олигархов — обеспечивается с помощью кнута и пряника, которые возможны за счет потоков энергоресурсов и получаемых доходов. Переплетение экономических интересов и интересов политических элит, предопределяющее абсолютный приоритет ресурсного сектора, является главной причиной, по которой путинская Россия стремится осуществить переход к крупнейшим новым месторождениям нефти и газа в Арктике [Tynkkynen 2010; Tynkkynen 2014; Bridge 2011]. Таким образом, пространственные и материальные особенности углеводородов — выборочная разработка месторождений, сложные географические условия добычи и транспортировки ископаемых и чрезмерная утечка углерода, которая оказывает серьезное воздействие на окружающую среду на локальном и глобальном уровнях, — существенным образом определяют не только будущее Арктики, но и будущее России, продолжающей цепляться за углеводородную культуру.

Во-вторых, с точки зрения политики конструирования идентичности и культуры арктические парадоксы России не кажутся столь легко преодолимыми, как того требует политическая экономия российской Арктики. Однако выбранные правящим режимом пути формирования идентичности и продвижения определенных культурных форм действительно создают проблемы для устойчивого развития Арктики. Российский политический дискурс об Арктике и ее включение в практику государственного строительства [Medvedev 2018] во многом связаны с тем, как территория России и ее ресурсы в целом используются режимом в качестве определяющих элементов национальной идентичности и культуры. В данном случае я имею в виду усилия режима и его значимых акторов (Газпрома, «Роснефти» и ЛУКОЙЛа), направленные на использование пространственных и материальных возможностей энергетики (инфраструктуры, потоков и взаимосвязей) для создания особой формы идентичности, в которой зависимость нации от природных ресурсов, особенно ископаемых углеводородов, предстает как сила, обеспечивающая роль России как великой державы (см. главу 3). Попытки «продать» российскому народу эту углеводородную культуру и идентичность энергетической сверхдержавы (см., например, [Bouzarovski, Bassin 2011; Rutland 2015]) тесно связаны со стремлением представить Арктику как главное геополитическое направление развития и укрепления суверенитета Российского государства [Laruelle 2012].

Таким образом, этот новый виток идентичности, связующий Арктику и ее ресурсы, становится ключевым фактором, влияющим на подходы (и, возможно, даже определяющим эти подходы) к экономике, культуре и окружающей среде на уровне политики и реализуемых на ее основе программ. Чтобы понять, почему в России — от Владивостока до Москвы — мало кто серьезно задается вопросом, что будет после истощения углеводородных ресурсов, необходимо осознать культурные аспекты этой проблемы, влияющие на национальную идентичность. Идентичности, конструируемые в рамках углеводородной культуры, в сочетании с процессами на метауровне в сфере политической экономии объясняют, почему общины коренных жителей находятся в подчинении, а их существование поддерживается с помощью «искусственного дыхания» в виде субсидий, предоставляемых нефтегазовой индустрией в качестве компенсации за загрязнение и потерю среды обитания. Практика «доения нефтяников», когда крохи богатства раздаются в виде потребительских товаров и некоторых социальных услуг, вместо долгосрочного стратегического планирования по развитию экономики и культуры северных коренных народов, продолжается именно потому, что региональные и местные администрации в Арктическом регионе также являются частью игры, в которой нефтегазовая отрасль занимает ведущее положение и задает направление [Henry et al. 2016].

В-третьих, в процессе изучения политической экологии в российской Арктике все более очевидными становятся проблемные направления, заданные политической экономией в путинской России, а также связанные с ней культурные практики и практики конструирования идентичности. Российская углеводородная промышленность загрязняет воздух, воду и почву в субарктическом и Арктическом регионах, в первую очередь нанося ущерб арктическим экосистемам и здоровью местного населения. Поскольку после приватизации нефтяных предприятий в 1990-е годы российская нефтедобывающая промышленность была ренационализирована и две трети нефтедобычи вернулись под контроль государства, именно оно несет ответственность за неэффективную экологическую политику в этой сфере [Shapovalova 2017; Shvarts et al. 2016]. По оценкам экспертов, от одного до двух процентов добываемой в России нефти, т. е. 5–10 миллионов тонн сырой нефти, попадает в окружающую среду в процессе добычи и транспортировки, в результате чего порядка 500 тысяч тонн углеводородов попадают в Северный Ледовитый океан по рекам [Hese, Schmullius 2009]. Ежегодно происходит от 15 000 до 20 000 разливов нефти из-за неисправных нефтепроводов, но их точное число неизвестно из-за отсутствия прозрачности в отрасли и попустительского отношения к экологическим последствиям со стороны государства (см., например, [Vasilyeva 2014]). Официальные данные о разливах нефти отсутствуют, а цифры, предоставляемые энергетическими компаниями, по большей части недостоверны [Shvarts et al. 2016].

Более того, 15–20 миллиардов кубометров попутного нефтяного газа (ПНГ), что эквивалентно 3 % годовой добычи газа в России и 10 % объема, импортируемого в ЕС из России, сжигается в факелах на российских нефтяных вышках. Наблюдаемое с 2008 года увеличение объемов утилизации попутного нефтяного газа можно считать непреднамеренным результатом реформы электроэнергетики, проводимой в России с 2008 года. Нефтяные компании производят электроэнергию из ПНГ на малых электростанциях и тем самым избегают платежей как за мощность, так и за розничные поставки электроэнергии, что, безусловно, повышает их энергоэффективность [Vasilyeva et al. 2015]. Однако даже после такого значительного сокращения объемов сжигания ПНГ с 50 до всего лишь 15–20 миллиардов кубических метров Россия остается крупнейшим загрязнителем окружающей среды, и на нее приходится от одной пятой до четверти всего сжигаемого на факелах ПНГ в мире, притом что ее доля в мировой добыче нефти составляет всего 13 % [Elvidge et al. 2018]. Сжигание ПНГ на факелах в России исключительно вредно для природы Арктики по двум причинам: факельное сжигание газа дает около 1 % глобальной эмиссии парниковых газов, связанной с энергетикой [IEA 2018a], и, следовательно, 0,25 % этого объема приходится на сжигаемый в России ПНГ; выделяемый при этом черный углерод (ЧУ), также известный как сажа, составляет половину всего объема черного углерода, который оседает на арктических льдах и снегах и вызывает их таяние. Недавние исследования (см. [Shapovalova 2017; Stohl et al. 2013]) показывают, что от одной трети до половины всех воздействий на климат в Арктическом регионе обусловлены черным углеродом, который тем самым вносит существенный вклад в потепление, происходящее в Арктике в два раза быстрее по сравнению с более низкими широтами. Главная причина глобального арктического парадокса заключается в эмиссии парниковых газов, ответственность за которую несут все страны и экономики. При этом выбросы черного углерода российской нефтегазовой промышленностью обеспечивают значительную долю общего воздействия на климат и основную долю влияния на потепление в Арктике. Иначе говоря, российская углеводородная индустрия, опирающаяся на политическую экономию углеводородной культуры, способствует ускорению потепления в Арктике и последующей эксплуатации природных ресурсов этого региона. Именно там сосредоточена значительная часть будущих богатств России, и российская углеводородная культура как будто превращается в «геологическую силу», которая преобразует природную экосистему Арктики и заставляет ее служить потребностям этой культуры. Добыча нефти и газа в буквальном смысле слова растапливает льды, раскрывая новые месторождения арктической нефти и газа.

С учетом всех этих факторов не вызывает удивления то, как российская элита преподносит общественности изменения окружающей среды в Арктике и глобальное потепление. По мнению наблюдателей, Россия отнюдь не идет в авангарде глобальной климатической политики, но при этом не пытается открыто препятствовать заключению международных соглашений по климату. Россия была стороной Киотского протокола и подписала Парижское соглашение 2015 года, хотя ратифицировала его только в конце 2019 года. Однако то, как государство и государственные медиа говорят о климатических изменениях в целом и применительно к Арктике в частности, свидетельствует о возросшем скептицизме и прямом отрицании антропогенных климатических изменений и их негативных последствий для России и особенно для ее арктических территорий [Palosaari, Tynkkynen N. 2015; Poberezhskaya 2015] (см. также главу 6). Я считаю, что политическая экономия, связанная с углеводородами, и необходимость формирования идентичности в отношении Арктики и ее энергетических ресурсов приводят к нарративу, в котором правящий режим, стремящийся к самосохранению, представляется в выгодном свете, а углеводороды и их роль в обществе рассматриваются исключительно в позитивном ключе. В этом нарративе негативные экономические, социальные и экологические последствия глубокой социокультурной зависимости от углеводородов, ра́вно как негативные последствия изменения климата для России и ее арктических просторов становятся запретными темами, неким видом социального табу.

АРКТИЧЕСКИЕ СЮЖЕТЫ ВО ВНУТРЕННЕЙ И ВНЕШНЕЙ РОССИЙСКОЙ ПОЛИТИКЕ

Далее я намерен более подробно рассмотреть то, как путинская Россия определяет Арктику для отечественной и зарубежной аудитории. Я полагаю, что, как и в случае использования энергетики в качестве геополитического инструмента (см. главу 4), а также в связи с причинами и необходимостью действий в отношении изменения климата (см. главу 6), российские сюжеты об Арктике шизофреничны: населению внушается мысль, что Россия — осажденная крепость, которой угрожают внешние силы, тогда как официальный нарратив на международных аренах и форумах рисует Россию как идеального законопослушного члена мирового сообщества, стремящегося к взаимовыгодному экономическому и политическому сотрудничеству. Каждая страна стремится позиционировать себя как благодетеля на международной арене: все нации и государства, как правило, обращаются к аудитории внутри страны иначе, чем к внешнему миру. Однако двуличие Российского государства (ср. [Gessen 2017]) не идет ни в какое сравнение с развитыми странами и находится на одном уровне с крайне авторитарными странами, такими как Китай. По моему мнению, это двуличие является продуктом углеводородной культуры: чтобы обеспечивать свою легитимность, путинский режим вынужден придавать особое значение экологическим проблемам и преувеличивать угрозы безопасности для населения. Анализ внутриполитического и внешнеполитического дискурсов основан на нашей работе [Gritsenko, Tynkkynen 2018], в которой рассматриваются трактовки связанных с Арктикой вопросов для внутренней (в «Российской газете») и зарубежной аудитории (в официальных заявлениях Министерства иностранных дел) в период с 2011 по 2015 год. На первый взгляд, ключевые вопросы во внутренней и внешней коммуникации в равной степени соответствуют повестке дня, определенной официальными арктическими стратегиями России: развитие международного сотрудничества и использование экономического потенциала энергетики и судоходства. Более того, оба нарратива сходятся в основных положениях о том, что Арктика обладает огромным коммерческим потенциалом для России и что стране нужны партнеры, чтобы раскрыть этот потенциал. Однако, хотя отправная точка на метауровне является общей, политические проблемы и решения определяются совершенно по-разному. Рассказываемая государственными медиа история для внутреннего потребления включает широкий спектр вопросов от социально-экономического развития и культуры до безопасности и окружающей среды, тогда как нарратив Министерства иностранных дел, предназначенный для иностранной аудитории, сосредоточен в основном на международном уровне и охватывает почти исключительно политические и дипломатические вопросы.

До 2014 года этот внутренний сюжет был главным образом связан с раскрытием экономического потенциала Арктики, но затем тон резко изменился: Арктика приобрела особое значение для российского народа. Утверждалось, что Арктика может стать плацдармом для других держав, стремящихся повлиять на Россию и ослабить ее; и решение этой проблемы путинский режим видел в том, чтобы сделать Арктику более безопасной путем увеличения российского военного потенциала в регионе и за его пределами. В то время как во внутреннем сюжете нарастала одержимость территориальным суверенитетом и безопасностью, сюжет, репрезентированный на международных форумах, повторял свой предыдущий посыл, правда, с некоторыми нюансами, отражающими новую констелляцию безопасности между Россией и Западом. В частности, теперь Арктика — в большей степени, чем когда-либо, — становится исключительной территорией, которую не должны затрагивать конфликты, возникающие в других местах. Этот посыл включал заверения о том, что Россия является «ответственным членом международного сообщества» и выступает за примат международного права в Арктике. В то же время подчеркивалось, что введенные Западом экономические санкции становятся препятствием для дальнейшего развития двустороннего сотрудничества. И здесь возникает интересный поворот: Арктика имеет ключевое значение для существования углеводородной культуры в путинской России; вместе с тем Россия стремится укрепить свой имидж законопослушного члена мирового сообщества и при этом пытается использовать арктические ресурсы — нефть, газ и транспортные пути (от морских и авиационных маршрутов до телекоммуникационных кабелей) — в качестве рычага, чтобы привлечь иностранные инвестиции в разработку российских арктических месторождений углеводородов. Это делается в надежде на то, что экономически привлекательные сделки убедят Запад отменить санкции против России.

Как показывает наш анализ, существует два отдельных политических нарратива. Такая двойственность коммуникации — это прежде всего признак того, что Арктика имеет ключевое значение для российского правительства и путинского режима. Каждый нарратив не только предназначен для конкретной аудитории, но и имеет дело со своим набором политических проблем и решений, актуальных в той или иной ситуации. Этот вывод еще раз подчеркивает мысль о том, что существует не одна, а по крайней мере две Арктики: одна как регион внутри суверенного государства, другая как регион в глобальном мире [Heininen 2018]. Взаимосвязь между двумя сторонами российской арктической политики можно понять, изучив связь между политическими нарративами.

Россия как «великая арктическая держава» — это мощный нарратив для «внутреннего пользования», который служит целям формирования идентичности и оправдывает возросшую активность в Арктической зоне. Повышение осведомленности российского общества об экономическом потенциале Арктики направлено на укрепление политической поддержки со стороны населения. Демонстрация того, как этот потенциал может обеспечить экономическое процветание страны, помогает оправдать государственные инвестиции в дорогостоящие инфраструктурные проекты в Арктике. В то же время эта сюжетная линия имеет значение для международного сотрудничества по вопросам, связанным с Арктикой. Для достижения амбициозных целей, поставленных государством, необходимо полагаться на сотрудничество с зарубежными партнерами, чтобы получить доступ к технологиям и капиталу, которые нужны для масштабного освоения Арктики. Имидж России как «добропорядочного члена» мирового сообщества, играющего по правилам, является важным условием для успешного взаимодействия с другими странами, которое должно помочь России использовать преимущества ресурсной базы Арктики, поддерживая экономику, основанную на ископаемом топливе [Gustafson 2012]. Для укрепления такого имиджа требуется не только соответствующая риторика на международных форумах, но и комплекс международных политических действий, направленных на обеспечение многостороннего регионального сотрудничества в Арктике. Политические нарративы, выстраиваемые вокруг проблем промышленного развития Арктики и поддержания международной стабильности, поддерживают друг друга, в частности, на основе темы сотрудничества.

Различие между двумя стилями коммуникации наблюдается, когда речь идет об аргументах в пользу развития арктической энергетики. Геополитическое влияние России через энергетику или, другими словами, ее положение энергетической сверхдержавы (см. главу 2) служит внутри страны одним из аргументов в пользу развития энергетики в Арктике, тогда как международная торговля энергоносителями преподносится исключительно как источник экономической выгоды. Такая двойственная стратегия коммуникации в отношении Арктики не является исключительной. Например, ориентированный на международную аудитории дискурс России о климатических изменениях в первую очередь представляет их как серьезную угрозу, тогда как внутри страны последние все чаще определяются через отрицание проблемы [Poberezhskaya 2015] (см. также главу 6). Наше исследование показывает, что в случае России противоречие между двумя нарративами существует и в отношении Арктики. Более того, коммуникация внутри страны более уязвима к изменениям международной политической ситуации, что очевидно, например, при сравнении дискурса до и после украинского кризиса.

Наконец, интересное различие между внешней и внутренней коммуникацией можно обнаружить в отношении к экологии. Хотя внутрироссийский нарратив, по понятным причинам, шире, чем внешнеполитическая коммуникация, тот факт, что проблемы экологии обсуждаются в «Российской газете» в три раза чаще, чем в документах Министерства иностранных дел, может показаться неожиданным, поскольку окружающая среда обычно считается идеальной сферой для международного сотрудничества. С одной стороны, это свидетельствует о том, что экологические вопросы важны для путинского режима — по крайней мере, риторически — при обсуждении Арктики и ее освоения. Такое внимание к окружающей среде можно считать главным легитимизирующим компонентом в дискурсе, который остается экономико-утилитаристским: обещая устранить экологические последствия эксплуатации Арктики в недавнем прошлом и защитить арктическую природу во время нового бурного освоения, режим тем самым «покупает сердца» людей, чтобы добиться поддержки своих усилий по созданию ориентированной на Арктику национальной идентичности. Недостаточное внимание к международному экологическому сотрудничеству в Арктике в документах Министерства иностранных дел, вероятно, объясняется их общей дипломатической направленностью и сосредоточенностью на процедурах (таких как международное сотрудничество через международные организации и двусторонние инструменты) и международном праве. Такое игнорирование вопросов экологии во внешней коммуникации вполне понятно в отсутствие арктической экологической конвенции и в условиях общего преуменьшения значения изменения климата в повестке дня российской арктической политики, в которой изменение климата рассматривается как источник возможностей, и лишь отчасти признаются локальные негативные последствия климатических изменений.

При этом тема окружающей среды фигурирует во внутрироссийском нарративе для легитимации выбранной политики в рамках углеводородной культуры: окружающая среда трактуется как один из многих инструментов, используемых для продвижения идеи о необходимости разработки месторождений углеводородов в Арктике. В этом отношении весьма показательна повестка Года экологии 2017 [Министерство природных ресурсов 2017] в России: экология Арктики обсуждается только в плане решения проблем замусоривания и загрязнения, вызванных экономической и военной деятельностью Советского Союза на Крайнем Севере, и обеспечения энергетических компаний и органов власти средствами для борьбы с будущими утечками в результате добычи нефти и газа в Арктике. Следует отметить, что ни один из проектов не был направлен на смягчение последствий изменения климата. Это говорит о том, что власти обращают внимание на заметные населению изменения окружающей среды — например, на проблемы с отходами и загрязнение воздуха в городах, но не на глобальное изменение окружающей среды, способное вызвать гораздо более серьезные последствия для россиян и России. Изменения окружающей среды в российской Арктике, отчасти вызванные деятельностью в рамках углеводородной культуры, остаются табу для режима, а сама окружающая среда определяется как служащая потребностям этой культуры. Именно поэтому в этот нарратив нельзя включать вопросы защиты окружающей среды Арктики путем смягчения последствий изменения климата, поскольку это поставило бы под сомнение рациональность всего арктического проекта путинской России. Далее мы посмотрим, как определяются окружающая среда и устойчивое развитие в конкретном случае добычи газа в Арктике. Это поможет нам лучше понять, каким образом эксплуатируется окружающая среда в целях углеводородной культуры.

ДОБЫЧА ПРИРОДНОГО ГАЗА В РОССИЙСКОЙ АРКТИКЕ И ОПРЕДЕЛЕНИЕ УСТОЙЧИВОГО РАЗВИТИЯ

Об устойчивом развитии как одной из целей корпоративного управления в российском энергетическом секторе заговорили в начале 2000-х годов. Ведущие государственные компании публикуют отчеты о корпоративной социальной ответственности и устойчивом развитии. Однако меня интересуют не столько эти документы, сколько то, как устойчивое развитие трактуется в рекламе, адресованной широкой публике внутри страны и за рубежом. Я полагаю, что нарратив, проявляющийся в рекламе, лучше отражает то, как компании и аудитория, для которой предназначена эта реклама, понимают устойчивость. Рекламная продукция служит прекрасным материалом для выявления той общей основы, которая объединяет российскую энергетику, политическую элиту и представления о бизнесе и ответственности.

Сравнивая понимание социальной и экологической устойчивости в двух рекламных видеофильмах российского газового гиганта Газпрома, я вижу два разных подхода к устойчивости: этнорасистский нарратив, предназначенный для внутренней аудитории, и мейнстримный нарратив об устойчивом развитии, ориентированный на международную аудиторию. Здесь очевидно присутствует та же двойственность, о которой речь шла выше при анализе материалов в российских медиа и заявлений правительства. Мой первый пример — 30-минутный рекламный ролик в документальном стиле под названием «Газификация России», в котором рассказывается «история газа» (см. главу 3): как он добывается на северной периферии, транспортируется по российским просторам и доставляется потребителям в Центральной России. Этот рассказ выражает привлекательную идею: газ — это субстанция, которая связывает российское пространство и русских людей воедино. Более того, подобное объединение людей и заключенной в газе энергии продвигает великодержавную идентичность, основанную на природных ресурсах и энергетике, идентичность жителей энергетической сверхдержавы, сконструированной за время правления Путина. Для сравнения, в десятиминутном видеоролике, предназначенном для международной аудитории, рассказывается о том, что Газпром, осуществляя свою деятельность в Узбекистане, Таджикистане и Вьетнаме, строго соблюдает международные социальные и экологические стандарты [Gazprom International 2012]. Авторы придерживаются научного понимания устойчивого развития и изображают Газпром как международную компанию, которая полностью соответствует международным социальным и экологическим нормам.

В связи с этим возникает вопрос: пытаются ли российские энергетические компании создать имидж *социально* ответственного бизнеса, избирательно ориентируясь на определенный этнос в своей внутренней деятельности, замалчивая при этом актуальные для отрасли экологические проблемы? На мой взгляд, эти рекламные ролики Газпрома создавались таким образом, чтобы они отражали ожидания аудитории, а также то, как компания и стоящая за ней политическая элита хотят определить свою ответственность. В них мы видим два различных подхода к устойчивому развитию: предназначенный для внутренней аудитории этнорасистский нарратив, в котором социальная ответственность ограничена этническими русскими, и основной нарратив об устойчивом развитии, направленный на достижение баланса между экономическими, социальными и экологическими целями и остающийся при этом привлекательным для международной аудитории. При сравнении нарративов этих видеороликов с дискуссией об устойчивом развитии в России [Koch, Tynkkynen 2019; Tynkkynen 2010] становится понятным, почему в них никак не упоминается необходимость согласованного решения социальных и экологических проблем за счет расширения прав и возможностей демократии на низовом уровне. Вызовы, связанные с экологической устойчивостью, рассматриваются просто как проблема управления, которая не входит в политическую повестку дня. Здесь, однако, возникает нечто новое: социальная устойчивость имеет бо́льшую значимость, но ее определение становится очень узким и этнически дискриминационным. Более того, центральное место социальной ответственности в развитии энергетики России, на мой взгляд, связано как с официальным эгалитарным дискурсом советской эпохи, так и с давлением на нефтегазовые компании, поскольку они работают в культурно разнородных условиях по всему миру — от земель коренных жителей русского Севера и канадской Арктики до Эквадорской Амазонии и дельты Нигера.

В свете описанных выше арктических парадоксов, с которыми сталкивается Россия, мы, скорее всего, увидим баланс между «жесткими» и «мягкими» темами и подходами в российской арктической политике: они используются совместно на благо углеводородной культуры, которая сама зависит от ресурсов Арктики. Однако, поскольку Крайний Север чрезвычайно важен для путинской России, в Арктике есть окно возможностей, чтобы продвигать более социально и экологически ответственную политику и практики. Следовательно, по всей видимости, Россия будет более склонна к амбициозной экологической политике в рамках арктического сотрудничества, поскольку ей необходимо сохранить «исключительность» Арктики по той простой причине, что успешное существование путинского режима связано с развитием ископаемой энергетики в этом регионе. Проблема диалога с путинской углеводородной культурой в Арктике заключается в трудности продвижения практик, которые уводят Россию в сторону от этой культуры, и противодействия ее проявлениям, которые способствуют процветанию режима за счет углеводородов. Практики и дискурсы российской углеводородной культуры — дела и слова путинской геоправительности (см. главы 2 и 3) — избирательно поддерживают режим, используя материальные и пространственные особенности энергетики, включая экологический аспект. Необходимо противостоять этому избирательному подходу в вопросах экологии. Весь спектр экологических последствий деятельности российского энергетического сектора, в первую очередь для крайне уязвимой Арктики, должен быть раскрыт и политизирован (см. заключительную главу) как инструмент, препятствующий инвестициям в (арктические) месторождения углеводородов и способствующий переходу к углеродно нейтральной России.

Глава 6
Глобальное табу углеводородной культуры

«Климатических изменений не существует»

(В соавторстве с Ниной Тюнккюнен)

В этой главе[1] мы рассмотрим, какую позицию занимает российская углеводородная культура в отношении глобальных климатических изменений. Растущая зависимость путинского режима от углеводородов делает невозможным проведение серьезной политики по смягчению последствий климатических изменений. Неспособность справиться с негативными последствиями выбранной экономической политики, основанной на ископаемых углеводородах, и общественный договор, к которому привязана эта экономика, толкают режим к выстраиванию нарратива, в котором эта проблема превращается в социальное табу. Переход к нарративу отрицания будет подробно описан ниже, однако некоторые важные вопросы остаются без ответа: какие лица, компании и институциональные акторы в российском обществе являются вдохновителями явно изменившегося дискурса о меняющемся климате или это просто результат, «побочный эффект» общественного договора, связанного с углеводо-

---

[1] Раннее опубликовано в виде статьи: Veli-Pekka Tynkkynen and Nina Tynkkynen. Climate denial revisited: (Re)contextualizing Russian Public Discourse on Climate Change during Putin 2.0 // Europe-Asia Studies. 2018. Vol. 70. № 7. P. 1103–1120. Copyright © University of Glasgow. Печатается с разрешения Taylor & Francis Ltd, www.tandfonline.com от имени Университета Глазго.

родной культурой, которая поддерживается как российским народом, так и элитой? В любом случае очевидные изменения дискурса свидетельствуют о том, что путинский режим находится на шаг дальше от превращения в «великую экологическую державу», возможность которого обсуждается в заключительной главе. В настоящее время глобальная мессианская роль России как консервативной и авторитарной энергетической сверхдержавы и проводника углеводородной культуры противоречит тезису об устойчивом развитии России.

В 2005 году Российская академия наук и крупнейшие международные академические институты подписали совместное заявление, подтверждающее общее мнение о том, что климатические изменения вызваны антропогенными выбросами парниковых газов (ПГ) и что на глобальном уровне необходимы меры по смягчению последствий этих изменений и адаптации к ним [National Academies of Sciences, Engineering, Medicine 2005]. Российским академическим кругам потребовалось относительно много времени, чтобы прийти к такому консенсусу. Присоединение к консенсусу было связано с принципиальной позицией России[2] на переговорах по климату, которые в итоге привели к ратификации Киотского протокола в 2004 году [Wilson Rowe 2012: 712–713]. Пять лет спустя, в 2009 году, Россия приняла политический документ под названием «Климатическая доктрина Российской Федерации» (см. [Президент России 2009]), который из-за своего декларативного и необязательного характера подвергся критике со стороны российских зеленых, в частности как попытка применения мягкой силы [Kokorin, Korppoo 2013]. Тем не менее, приняв эту доктрину, российское руководство признало, что изменение климата — это проблема, порожденная человеком и требующая принятия политических мер. В подтверждение этой идеи в 2010 году президент Дмитрий Медведев заявил,

---

[2] Ратификация Россией Киотского протокола имела решающее значение для обеспечения соблюдения Протокола, поскольку без России требование для вступления Протокола в силу о том, что выбросы парниковых газов участников Протокола должны покрывать не менее 55 % эмиссии парниковых газов всех промышленно развитых стран, не могло бы быть выполнено.

что климатические изменения представляют серьезную угрозу для России [Laruelle 2014b: 85].

В России ярко выраженный общественный дискурс отрицания климатических изменений возник одновременно с окончательным достижением научного и политического консенсуса по этому вопросу [Henry, MacIntosh Sundstrom 2012: 1302; Kokorin, Korppoo 2013: 6; Korppoo et al. 2015: 28–29]. Даже такие показательные события, как лесные и болотные пожары во время засухи 2010 года, свидетельствующие об ускорении изменения климата и его негативном воздействии на природу России, существенно не изменили общественный дискурс и не побудили российские медиа принять климатические изменения как научный факт [Laruelle 2014b: 82]. Напротив, голоса, отрицающие изменение климата, похоже, усилились после начала нового президентского срока Путина в 2012 году. Можно предположить, что новый президентский срок Путина и связанные с ним политические изменения дают возможность высказаться тем акторам и лицам, формирующим общественное мнение, которые делают акцент не на международном сотрудничестве, а на суверенитете, не на имидже страны за рубежом, а на (краткосрочных) экономических интересах России.

Согласно опросу, после сильной жары в 2010 году, которая привела к обширным лесным и болотным пожарам, а также пожарам на сельскохозяйственных территориях в европейской части России, доля россиян, обеспокоенных климатическими изменениями, увеличилась с 46 до 55 %. К 2013 году этот показатель в Москве вырос до 70 %[3]. Наша гипотеза заключается в том, что смог 2010 года наряду с демонстрациями 2011 года против возвращения Путина на пост президента привели к пересмотру позиции путинского режима в отношении дискурса о климатических изменениях. Озабоченность по поводу этих последних стала потенциальной угрозой дестабилизации для режима, который в качестве ответной меры начал внедрять в общественный дискурс аргументы сторонников отрицающего дискурса.

---

[3] Российская газета. 2013. 21 авг. URL: http://www.rg.ru/2013/08/21/prichiny-site.html (дата обращения: 29.03.2018).

Здесь интересно посмотреть, как этот поворот проявляется в общественном дискурсе климатических изменений, и оценить, насколько российский случай соответствует общей теории их отрицания, разработанной Жаком [Jacques 2012], утверждающим, что основным стимулом для такого отрицания является угроза, которую климатические изменения представляют для тех, кто желает сохранить (экономический или политический) статус-кво (см. также [Norgaard 2011]). Соответственно, мы попытаемся проанализировать общественную дискуссию об изменении климата в России в период 2011–2013 годов, после возвращения Путина к власти, в частности то, как аргументы и темы этого дискурса в целом и отрицания климатических изменений связаны с российским контекстом: выдвижение на первый план и изменение тех или иных историко-культурных категорий, включая определенные «священные цели» [Kivinen 2002: 215–222] российской программы модернизации (см. далее), важность ископаемых энергоресурсов для российской экономики и общества, а также власть, которой наделены политические и экономические акторы, связанные с энергетикой. Для нас важно получить представление о значении этого дискурса для будущей климатической политики России.

Мы хотим понять недавнюю общественную дискуссию о климатических изменениях, анализируя газетные статьи и научно-популярные книги об этих последних, а также посвященные этой теме документальные фильмы и ток-шоу на национальных телеканалах. Хотя в России существует другой, менее официальный публичный дискурс о климатических изменениях, продвигаемый экологическими активистами через независимые медиа и социальные сети [Smyth, Oates 2015], дискурс, который мы здесь называем «публичным», формируется главным образом в государственных медиа. Мы анализируем именно этот конкретный дискурс, потому что нас интересуют усилия властей по его «конструированию» и потому что альтернативные публичные дискурсы, по нашим наблюдениям, гораздо слабее и в принципе фрагментарны, чем дискурс, формируемый государственными медиа. Одна из причин слабости общественных дебатов о климатических изменениях в России, как отмечает Побережская [Poberezhskaya 2015], заключается в недостаточном внимании медиа к этому вопросу, или, скорее, полное пренебрежение темой, нежели ее предвзятое освещение.

Наш материал и его анализ ограничены в одном важном аспекте, а именно: в оценке степени, в которой дискурс отрицания находит отклик в российском обществе. Дискуссии в контролируемых государством медиа не отражают настроения россиян и не дают прогнозов относительно того, какие шаги предпримет Россия в рамках международных переговоров по климату [Korppoo et al. 2015: 44, 47; Smyth, Oates 2015: 302]. Однако тот факт, что контролируемые государством медиа необязательно отражают взгляды российского народа, не снижает важности анализа: любая попытка сформулировать проблему с помощью контролируемых государством медиа может иметь долгосрочные политические последствия, влияющие на энергетическую и экологическую политику, поскольку российское население в значительной степени полагается на контролируемые государством медиа в качестве основного источника информации [Poberezhskaya 2015][4].

ОТРИЦАНИЕ КЛИМАТИЧЕСКИХ ИЗМЕНЕНИЙ В НАУЧНОЙ ЛИТЕРАТУРЕ

Существует множество исследований восприятия обществом проблем климатических изменений в разных странах [Demeritt 2006; Hulme 2009]. Многие исследователи пытаются понять, какие акторы и интересы стоят за дискурсом отрицания [Goeminne

---

[4] Термин «дискурс» мы понимаем как коллективное восприятие мира [Dryzek 1997: 8]. Различные дискурсы воспроизводят конкретные идеи, концепции или высказывания и оказывают влияние на тех, кто их производит, или на их окружение. Дискурсы определяют легитимность и власть. Следовательно, важно понять, как дискурсы создаются и поддерживаются соответствующими практиками, направленными на определение истины теми, кто находится у власти [Foucault 2008: 35].

2012; Jacques et al. 2008], и некоторые ученые изучают такого рода дискурсы вне рамок лингвистического анализа [Kolk, Levy 2001; Lahsen 2008; McCright, Dunlap 2003; Nerlich 2010]. В контексте главы, в этой литературе нам прежде всего интересно следующее: основным стимулом для отрицания климатических изменений, утверждает Жак [Jacques 2012], является то, что они серьезно угрожают тем, кто хочет сохранить (экономический или политический) статус-кво. Основываясь на анализе ситуации в Норвегии, Норгаард [Norgaard 2011] утверждает, что, хотя восприятие угрозы, исходящей от климатических изменений, связано с психологическими процессами в индивидуумах, оно также зависит от культуры и политической экономии конкретной страны. Данлап и Маккрайт [Dunlap, McCright 2011] подчеркивают, что отрицание климатических изменений связано с индивидуальными и коллективными экономическими интересами — например, нефтяной отрасли и зависящих от ее финансирования акторов, — но в еще большей степени такое отрицание связано с консервативными политическими взглядами определенных групп, поскольку управление смягчением последствий климатических изменений на государственном и особенно глобальном уровне рассматривается этими группами как угроза экономическим и даже гражданским свободам. Эти культурно-политические подходы, подчеркивающие роль культуры и политической экономии, лежат в основе контекстуализирующего подхода, который мы здесь применяем.

Дискурс отрицания климатических изменений мы понимаем, в частности, как неприятие теории климатических изменений в результате антропогенных выбросов и как отрицание факта, что этот процесс может привести к негативным социальным и экологическим последствиям, а также как отказ от идеи о необходимости пересмотра политической повестки дня для их смягчения. Этот дискурс может принимать форму прямого отрицания теории антропогенных климатических изменений и утверждения, что не происходит ни глобального потепления, ни глобального похолодания. Другая точка зрения допускает, что климат может потеплеть, но в силу естественных причин (например, из-за солнечной активности или изменения орбиты Земли), и поэтому правительства и государства могут лишь адаптироваться к этому явлению, и нет никаких оснований для принятия мер по смягчению последствий. Это относительно ясная формулировка проблемы климатических изменений. Дискурс отрицания также включает в себя промежуточную позицию, которую Уилсон Роу [Wilson Rowe 2009: 598] описывает как «каузально-агностическую»: изменение климата может иметь антропогенное происхождение, но эта проблема не может быть решена научными средствами.

В России с начала до середины 2000-х годов такая агностическая позиция, по всей видимости, означала признание (без дополнительных научных доказательств) того, что меры по смягчению последствий оправданы независимо от причин климатических изменений. С политической точки зрения это согласуется с тем, что Генри и Макинтош Сундстром [Henry, MacIntosh Sundstrom 2012] описали как эффект программы модернизации бывшего президента Медведева (2008–2012): смягчение последствий климатических изменений рассматривалось как позитивная цель, поскольку оно предполагало меры по повышению энергоэффективности (см. также [Korppoo et al. 2015: 27]). Кроме того, энергоэффективность как экономическая проблема стала актуальной сразу после экономического кризиса, который затронул в том числе и Россию в 2008–2009 годах [Laruelle 2014b: 86].

Хотя климатической политике России как таковой и ее связям с международной и российской наукой о климате посвящено множество исследований [Henry, MacIntosh Sundstrom 2007, 2012; Korppoo et al. 2015; Tynkkynen N. 2010; Wilson Rowe 2009, 2012], равно как и подаче темы климатических изменений в российских медиа [Poberezhskaya 2015], наше исследование дискурса отрицания, тесно связанного с внутриполитическим контекстом, является оригинальным и необходимым для понимания динамики российской климатической политики и ее влияния на международные переговоры по вопросам климата.

ИЗМЕНЯЮЩИЙСЯ ПОЛИТИКО-ЭКОНОМИЧЕСКИЙ КОНТЕКСТ: ПУТИН 2.0

Переизбрание Владимира Путина на пост президента Российской Федерации в 2012 году ознаменовало дальнейшее усиление элементов автократии в российской политической системе [Gel'man 2015; Ross 2015; Wegren 2013]. Все более авторитарный стиль правления президента Путина проявляется как во внутренней, так и во внешней политике. Судя по некоторым действиям, основной акцент делается на суверенитете, а не на международном сотрудничестве [Palosaari, Tynkkynen N. 2015], среди них ограничение свободы выражения мнений и прав ЛГБТ, регистрация финансируемых из-за рубежа организаций в качестве «иностранных агентов», односторонняя жесткая позиция по сирийскому кризису, аннексия Крыма в 2014 году и поддержка гибридной войны в Украине с последующим ухудшением отношений с ЕС, а также арест активистов «Гринпис» в Арктике.

Несмотря на, казалось бы, радикальные перемены в российской внутренней и внешней политике, произошедшие в начале третьего президентского срока Путина, которые, как показывает наш анализ, во многом объясняют новый тон в отношении климатических изменений, мы утверждаем, что в российской политической культуре существуют некие повторяющиеся элементы, определяющие главные социальные вызовы, с которыми сталкиваются сменяющие друг друга режимы в России. Как отмечает Кивинен [Kivinen 2002], политические решения практически всех советских и российских лидеров относительно программ модернизации якобы основывались на «сакральных» задачах науки — содействии прогрессу и модернизации, а также обеспечении экономического роста и благосостояния за счет расширения промышленного производства. Такая сакрализация науки порой приводит к непредвиденным результатам в виде «негативной сакральности», к которой невозможно апеллировать на общественно-политической арене [Ibid.: 215–222]. Эта «негативная сакральность», включающая такие табу, как демонизация реальности, хаос и потребление, чрезвычайно важна для понимания позиции России в глобальной климатической политике. Усиление авторитарных тенденций, вероятно, указывает на то, что в последние годы «негативная сакральность» вновь набирает силу, сдерживая усилия правительства по обоснованию политических решений для внутренней и международной аудитории [Gel'man 2016; Pomerantsev 2014].

Соответственно, возвращение Путина к власти не привело к пересмотру поставленных во время президентства Медведева политических целей в отношении модернизации и эффективности [Gustafson 2012] — изменилась лишь аргументация предпринимаемых действий. Во время президентства Медведева необходимость модернизации и повышения энергоэффективности обосновывалась не только экономическими соображениями, но и внешнеполитическими выгодами [Henry, MacIntosh Sundstrom 2012; Korppoo et al. 2015]. После переизбрания Путина курс на модернизацию становится в большей степени связанным с развитием экономики, с акцентом на достижении геополитических целей и обеспечении суверенитета вместо международного сотрудничества [Gel'man, Appel 2015].

Ряд исследований, в частности работа Густафсона [Gustafson 2012], указывают на то, что на повестке дня для Путина на первом месте стоит не диверсификация российской экономики, а усиление роли углеводородного сектора на пути к будущим успехам России. Российская экономика и общество в целом зависят от добычи, транспортировки, переработки, потребления и экспорта ископаемых ресурсов. Ископаемая энергетика является основой российской экономики: более половины доходов бюджета России и 70 % (в 2014 году по сравнению с 54 % в 2000 году) экспорта приходится на нефть, газ и уголь; одна только нефтегазовая промышленность обеспечивает пятую часть ВВП [Федеральная служба государственной статистики 2015; Kurdin 2016]. При этом интересы сторон, стоящих за национальной газовой программой России, которая реализуется полугосударственным газовым гигантом Газпромом, идут вразрез с интересами регионов, связанными с обеспечением энергетической самодостаточности за счет региональных возобновляемых источников энергии [Tynkkynen 2014, 2016b].

Иными словами, смена Путиным политических приоритетов способствует укреплению статуса России как «углеводородной сверхдержавы» [Bouzarovski, Bassin 2011]. Энергетическая сверхдержава — это страна, которая способна влиять на политический выбор других стран через экспорт энергоносителей, усиливая их зависимость за счет принуждения (с помощью энергетической инфраструктуры) и поощрения (благодаря экономическим выгодам от торговли энергоносителями). Главный вопрос в дискуссии о России как энергетической сверхдержаве заключается в том, как Россия использует энергетику в качестве инструмента внешней политики в отношении своих соседей и стран ЕС, которые являются основными потребителями российских энергоресурсов. Мы видим, что ресурсное богатство и власть превращаются в инструмент конструирования идентичности. В этой истории президент Путин предстает как лидер, осуществляющий возвращение энергетических активов государству и народу из рук олигархов [Гриб 2009]. Однако, как показывают недавние исследования, элиты и общество демонстрируют непоследовательное и порой противоречивое отношение к идее о том, что углеводороды формируют основу статуса России как сверхдержавы или национальной идентичности [Левада-Центр 2014; Rutland 2015]. Следовательно, если окружение Путина захочет реально укрепить статус России как углеводородной сверхдержавы, то потребуется более активно использовать вышеупомянутый инструмент конструирования идентичности на основе энергетики и власти.

В то же время за последние несколько лет мировые рынки углеводородов существенно изменились. В основном — в связи с выходом на рынок сланцевого газа и нефти. Это изменение особенно очевидно на газовом рынке, поскольку «революция сланцевого газа», начавшаяся в Соединенных Штатах, перестраивает всю мировую торговлю газом. Добыча сланцевой нефти также растет, что оказывает негативное влияние на объемы торговли российскими углеводородами и на перспективы экспорта в будущем [Sharples 2013]. В период 2011–2012 годов российское руководство и крупнейшие энергетические компании столкнулись с новой ситуацией на энергетическом рынке. Ухудшающиеся перспективы экспорта энергоносителей в Европу наряду с антимонопольными мерами Европейской комиссии и требованием снижения цен на российский трубопроводный газ [Riley 2012] стали мощным стимулом для российской политической элиты искать новые возможности экспорта в другие регионы, особенно в Северную и Юго-Восточную Азию [Bradshaw 2014], вместо продолжения взаимодействия с европейскими партнерами в энергетике, которые институционально несовместимы и требуют соблюдения этических стандартов от энергетических компаний. В 2000–2004 годах в Энергетическом диалоге Россия — ЕС присутствовал явный экологический компонент, ориентированный на уменьшение загрязнения, связанного с добычей и транспортировкой нефти и газа, но затем экологические цели были отодвинуты на второй план, и начиная с 2004 года начала преобладать экономическая повестка [European Commission 2011b: 16–19], что по времени совпало с ростом цен на нефть и газ и экономическим бумом в России. Таким образом, мы видим, что во время третьего президентского срока Путина необходимость на словах признавать международные экологические цели практически отпала, и имидж России как ответственного энергопроизводителя волнует руководство страны значительно меньше, чем прежде. В конечном счете теперь, когда население и руководство страны видят себя связанными с культурными смыслами, материальностью и созданием богатства за счет ископаемого топлива [Kalinin 2014; Tynkkynen 2016a], у России больше нет стимула идти в авангарде климатической политики.

МАТЕРИАЛ ДЛЯ ИССЛЕДОВАНИЯ

Мы анализировали дискурс о климатических изменениях в России на основе статей, опубликованных в «Российской газете» и «Известиях» в период с января 2012 по декабрь 2013 года. Этот временной фрейм выбран специально: он исключает искажения, вызванные украинским кризисом, разразившимся в начале 2014 года. Эти две газеты считаются изданиями консервативного толка, близкими к официальной точке зрения российской политической и энергетической элиты [Makeenko 2013][5]. «Российская газета» является официальным органом Российского государства, тогда как «Известия» позиционируют себя как независимая газета с читательской аудиторией, представленной в основном образованными элитами[6]. Обе газеты имеют относительно ограниченный тираж, что вполне характерно для газет в России: «Известия» — 234 500 экземпляров, «Российская газета» — 400 000 экземпляров. Разумеется, они также доступны онлайн.

Мы проанализировали 101 статью (75 в «Российской газете» и 26 в «Известиях»), которые были выбраны с помощью поискового запроса по фразе «глобальное потепление». Мы предпочли этот термин «климатическим изменениях», чтобы получить относительно разумное количество статей: только в «Российской газете» 1400 статей, опубликованных в 2012–2013 годах, содержат выражение «климатические изменения», которое в русском языке может относиться к различным феноменам, включая деловой климат. Однако при выборе статей по фразе «глобальное потепление» вместо «климатические изменения» также возникли определенные проблемы. Во-первых, это более политизированное понятие, поскольку потепление относится к однонаправленному изменению без учета региональных особенностей, которые могут привести как к потеплению, так и к похолоданию. Более того, термин «глобальное потепление» по определению исключает широко поддерживаемую россиянами идею о том, что в результате этих изменений может произойти похолодание, а не потепление, — решающий аргумент в пользу отрицания климатических изменений [Wilson Rowe 2009]. Как выяснилось в ходе нашего исследования, ключевая фраза «глобальное потепление» встречается и во множестве статей о глобальном похолодании. Обыч-

---

[5] Media Atlas of Russia. 2015. URL: http://www.media-atlas.ru/ (дата обращения: 26.11.2015).

[6] Ibid.

но в статьях, в которых обсуждалось похолодание, в качестве объекта для опровержения также упоминалось общепринятое представление о потеплении. Выбор в пользу термина «климатические изменения» мог бы привести к более нейтральному пониманию феномена, но это исключило бы из выборки документальные фильмы и произведения популярной культуры, например мультфильмы, которые содержат ключи к пониманию широты дискурса отрицания климата.

Вторая группа проанализированных материалов состоит из телевизионных документальных фильмов, популярных ток-шоу и программ, транслировавшихся по национальному телевидению в период с 2010 по 2013 год. Поскольку электронные медиа — телевидение и Интернет — сегодня являются основными источниками информации для россиян (см., например, [Smyth, Oates 2015]), мы также включили в наше исследование популярные телевизионные документальные фильмы и ток-шоу о «глобальном потеплении», которые были загружены на YouTube (см. список в Приложении). Мы нашли программы, которые были доступны как традиционным телезрителям, так и молодому поколению, использующему Интернет и социальные сети для получения новостей, информации и развлечений.

Кроме того, мы включили в наш материал для исследования две российские книги об изменении климата, которые в 2011–2013 годах продавались в центральных книжных магазинах Москвы («Библио-Глобус») и Санкт-Петербурга («Дом книги»). За этот период нам удалось найти несколько переведенных на русский язык иностранных научных книг о климатических изменениях, которые продавались в этих книжных магазинах, но только две книги были написаны российскими авторам и ориентированы на широкую читательскую аудиторию. Это следующие книги: «Мифы "устойчивого развития". "Глобальное потепление" или "ползучий" глобальный переворот?» [Павленко 2011] и «Парадоксы климата. Ледниковый период или обжигающий зной?» [Кароль, Киселев 2013].

Мы выбрали эти материалы — две газеты, передачи национального телевидения и две книги — для того, чтобы получить систематическое представление о дискурсе климатических изменений в России. Анализируя роль газет и телевидения как официальных и полуофициальных источников информации, мы смогли понять, какие усилия по построению дискурса предпринимают государственные и подконтрольные государству медиа. Выбранные книги, ориентированные на широкий круг читателей, дополняют наш материал по теме, поскольку их целевая аудитория отличается от целевой аудитории газет и телевидения.

МЕТОД: РАЗМЕТКА И КАТЕГОРИЗАЦИЯ АРГУМЕНТОВ В ПОЛЬЗУ ОТРИЦАНИЯ КЛИМАТИЧЕСКИХ ИЗМЕНЕНИЙ

Анализ проводился в два этапа. Во-первых, мы задались целью выявить различные аспекты дискурса, продвигаемого российской элитой для влияния на общественное мнение о климатических изменениях, и определить основные элементы этого дискурса. На этом этапе использовались только газетные материалы, поскольку просмотр всего материала (телевизионных фильмов, передач, мультфильмов и т. д.) и классификация всех представленных аргументов потребовали бы много времени. Сосредоточив внимание на достаточно большом объеме газетных материалов, мы смогли получить общее представление о дискуссии и выявить основные элементы российского дискурса об изменении климата. Мы классифицировали все статьи в соответствии с выраженной в них позицией по отношению к климатическим изменениях, используя четыре аргумента. Первый аргумент строится на «отрицании общепринятой науки о климате» и сводится к отрицанию антропогенных причин изменений или к утверждению, что никаких мер для смягчения последствий такого изменения не требуется. Второй аргумент можно назвать «натурализацией изменения климата»: например, утверждение о том, что климатические изменения — это исключительно естественный феномен и человечество может лишь адаптироваться. Третий аргумент предполагает, что «климатические изменения приносят пользу» независимо от их причин. Наконец, четвертый аргумент — климатические изменения действительно происходят и влекут за собой негативные последствия; он, по всей видимости, согласуется с общепринятой научной точкой зрения: утверждается, что климатические изменения — это антропогенная проблема, которая при этом остается естественным феноменом с негативными последствиями.

Эти категории не являются взаимоисключающими: в отдельных публикациях в медиа приводится до трех из этих аргументов: есть довольно много статей, в которых климатические изменения рассматриваются как феномен, который в конечном счете вызван не человеческими факторами, и утверждается, что смягчение последствий бесполезно, но само по себе изменение несет положительные последствия (в частности, для России). В интервью журналисту «Российской газеты» Алексею Аронову заведующий кафедрой экономической и социальной географии России географического факультета МГУ Вячеслав Бабурин говорит следующее:

> Правда, доля человеческого фактора в нем явно завышена. Все, что мы «наворотили» за 100 лет, все наши выбросы многократно «перекрываются» одним изменением активности солнца или катастрофическим извержением вулкана... Итого: изменения будут неоднозначны, но, как я сказал, по сумме Россия выиграет... То есть [наш] суровый климат в первую очередь «несет» с собой энергетические издержки[7].

Наша классификация подробно представлена в табл. 6.1. После выбора категорий мы провели базовый статистический анализ, чтобы определить степень поддержки каждой категории в газетных статьях. Результаты этого анализа описаны в следующем разделе.

На втором этапе исследования фокус анализа сместился на выявление элементов дискурса отрицания. На этом этапе использовались все отобранные материалы — газетные статьи, телевизионные передачи, документальные фильмы и две книги. Для получения согласованных результатов один из нас сосредоточился на

---

[7] Российская газета. 2013. 14 мая. URL: https://rg.ru/2013/05/14/poteplenie.html (дата обращения: 14.04.2018).

аргументах отрицания и сравнивал их в исследуемых материалах, применяя категории отрицания климатических изменений, предложенные Вашингтоном и Куком [Washington, Cook 2011] (см. также [Berger 2013: 35–62]). Это следующие категории: 1) распространение теорий заговора («Климатгейт»); 2) привлечение лжеэкспертов («Консенсуса нет»); 3) навязывание ученым напрасных ожиданий («Климатические модели ненадежны»); 4) искажение информации и ложные умозаключения («Климат изменился в прошлом»); и 5) применение избирательного подхода («Измерения ненадежны»; «Потепление прекратилось в 1998 году»; «Это солнце»; «Глобальное потепление — это хорошо»). Мы выделили высказывания, которые лучше всего отражают рассматриваемую категорию: эти высказывания будут описаны далее в этой главе в качестве примеров рассматриваемых категорий. Соответственно, использованный метод можно охарактеризовать как тематический анализ (см., например, [Guest et al. 2012], в котором темы (то есть определенные категории) на первом этапе были индуктивно выведены из исследуемых материалов, а на втором этапе проанализированы с помощью дополнительных категорий, определенных Вашингтоном и Куком [Washington, Cook 2011].

КЛИМАТИЧЕСКИЕ ИЗМЕНЕНИЯ И ИХ ОТРИЦАНИЕ В РОССИЙСКИХ МЕДИА

Основные характеристики дискурса об изменении климата

Как видно из табл. 6.1, 26,9 % из 101 проанализированной газетной статьи можно отнести к первой дискурсивной категории «отрицание общепринятой науки о климате», что свидетельствует о преобладании позиции отрицания. Категория рассмотрения изменения климата как нейтральной проблемы без упоминания происхождения этого явления была выявлена в 16 случаях (15,9 %). Количество статей, в которых приводились аргументы в пользу признанной международным научным сообществом теории изменения климата, было совсем небольшим: только 8 статей из

Таблица 6.1. Нарративы об изменении климата на материале двух российских газет

Источник / категория	Отрицание	Естественное	Позитивное	Негативное	Отрицание и естественное	Отрицание и позитивное	Естественное и позитивное	Естественное и негативное	Естественное и смешанное	Все
Российская газета	17/22,7	9/12,0	4/5,3	7/9,3	11/14,7	3/4,0	5/6,7	11/14,7	8/10,7	75/100 %
Известия	10/38,5	7/26,9	3/11,5	1/3,8	—	—	—	5/19,2	—	26/100 %
Все газетные статьи*	27	16	7	8	11	3	5	16	8	101 и 100 %
Аргумент	47	45	17	38	—	—	—	—	—	101
Число появлений в газетах**										100 %

Примечания.

* Процент примерно такой же, как и число статей.

** Здесь все четыре основные категории, встречающиеся в газетных статьях, рассматриваются как отдельные упоминания, т. е. подсчитывается суммарное число аргументов «отрицание», «естественное», «позитивное» и «негативное». Таким образом, число аргументов (147) больше, чем число статей (101).

101 были классифицированы как полностью соответствующие общепринятому пониманию проблемы. Кроме того, вопреки популярному дискурсу начала 2000-х годов [Tynkkynen N. 2010], только 7 из 101 статьи можно было отнести к категории представляющих изменение климата как благоприятное для России.

Если посмотреть на число появлений различных аргументов в газетных статьях, то аргументы «отрицания» и «нейтральные» аргументы присутствуют почти в половине статей, 47 и 45 % соответственно, тогда как «негативные» аргументы фигурировали примерно в каждой третьей (38 %) статье. Относительно большое количество негативных смыслов, связанных с изменением климата, вероятно, объясняется тем, что именно за счет акцента на нежелательных последствиях общепринятое понимание проблемы проникает в российский дискурс и влияет на него. Но обсуждение негативных последствий, прежде всего в статьях, отрицающих антропогенные климатические изменения, подразумевает, что эти последствия будут гораздо менее серьезными в России, чем в других частях мира.

«Позитивные» аргументы, связанные с изменением климата, были представлены только в 17 % статей, что подтверждает отмеченный выше отход от понимания изменения климата как преимущественно благотворного процесса для России. Эта категория включает аргументы в пользу того, что глобальное повышение температуры — это позитивный процесс: таяние полярной ледяной шапки рассматривается как возможность для освоения энергетических ресурсов Арктики, что, наряду с открытием новых морских путей, еще больше усилит роль России как энергетического гиганта и великой территориальной державы (см. также [Laruelle 2014b: 40; Palosaari, Tynkkynen N. 2015]). В одной из статей в «Российской газете» об этом говорится так: «Глобальное потепление и таяние льдов сегодня превращают Арктику... в гигантский международный перспективный проект XXI века, потенциально крупнейшую инвестиционную площадку современного мира»[8].

---

[8] Российская газета. 2013. 31 мая. URL: http://www.rg.ru/2013/05/31/led.html (дата обращения: 17.04.2018).

Анализ дискурса отрицания

Второй этап нашего анализа, объектом которого были аргументы, относящиеся к отрицанию изменения климата, показал, что в российском дискурсе отрицания также присутствуют пять категорий аргументов, предложенных Вашингтоном и Куком [Washington, Cook 2011]. Мы сосредоточились на трех категориях, которые в основном были связаны с внутрироссийским контекстом: теории заговора, искажение информации, ложные умозаключения и применение избирательного подхода.

О заговорах, связанных с западной климатологией и усилиями международного сообщества по продвижению политики смягчения последствий изменения климата, говорилось в статьях в «Известиях» и во всех телевизионных документальных фильмах и ток-шоу. В книге Павленко [Павленко 2011] этот аргумент доводится до крайности: автор утверждает, что аномальная жара 2010 года, имевшая ужасные последствия для окружающей среды и здоровья людей, была результатом применения «климатического оружия», которое Соединенные Штаты использовали для ослабления России. Аргумент о заговорах подается таким образом, что сводит воедино угрозу суверенитету России со стороны «глобального правительства» и утверждение (со ссылкой на бывшего вице-президента США и лауреата Нобелевской премии Эла Гора) о том, что за международным управлением климатом стоят предполагаемые политические и экономические интересы Запада:

> Пока толпа мечется, Альберт Гор получает свою премию мира имени производителя взрывчатых веществ... И всё за то же самое — за борьбу с глобальным потеплением, которое никто не доказал, но которое уже стало огромной кормушкой для бюрократов... При этом такие же дискретные всплески мнений и наблюдений простого человека — «Какое потепление, если нас в Европе завалило снегом?» тут же обесценивались мощными научными выводами: «А вот это и есть зримое доказательство глобального потепления», и сразу еще какие-то институты под это дело получали финансирование. Чтобы доказать, что глобальное потепление — это и есть глобальное похолодание. А мир — это

война. А любовь — это ненависть... Мы все это читали уже у Оруэлла в те времена, когда слов-то таких — «глобальное потепление» — не было и в помине[9].

Павленко, как и предполагает название его книги («Мифы "устойчивого развития". "Глобальное потепление" или "ползучий" глобальный переворот?»), видит в целях устойчивого развития и международной климатической политики продолжение гегемонии Запада (см. также [Korppoo et al. 2015: 29; Oldfield, Shaw 2006]). Он утверждает, что глобальная климатическая политика ослабляет суверенитет России по двум направлениям: через глобальное управление под руководством Запада и путем демонизации углеводородов, имеющих решающее значение для российской экономики, общества и культуры:

При этом в разряд самых «вредных» неизменно попадают наиболее важные для экономической самостоятельности и суверенитета государств отрасли реального сектора экономики — энергетика, машиностроение, металлургия [Павленко 2011: 106].

Автор «Известий» Анатолий Вассерман заявляет:

Цель ее [парниковой теории глобального потепления] распространения — массированное разорение развивающихся стран: им заведомо не под силу реконструкция хозяйства, требуемая теорией. Таким путем можно увековечить экономический отрыв стран, все еще именующих себя развитыми, от остального мира. Более того, меры, уже принятые на основе этой заведомой (и очевидной любому грамотному физику) фальшивки, породили убытки, эквивалентные миллионам смертей[10].

В некоторых версиях аргумента об «экологическом заговоре», возникавших в исследуемом материале, утверждалось, что банки,

---

9 Известия. 2013. 17 сент. URL: http://izvestia.ru/news/557239#ixzz3u6DTLZH6 (дата обращения: 17.04.2018).

10 Известия. 2012. 13 дек. URL: http://izvestia.ru/news/537615 (дата обращения: 17.04.2018).

предоставляющие финансирование, и корпорации, использующие экологически чистые технологии и возобновляемые источники энергии, являются институциональными акторами, участвующими в этом заговоре, возглавляемом Западом. Например, Павленко пишет:

> Почему [никто не слушает критиков теории изменения климата]? Одна из причин, безусловно, носит коммерческий характер. Известным фактом является заинтересованность в торговле квотами на выбросы парниковых газов таких финансовых гигантов, как «J. P. Morgan Chase», «Morgan Stanley», «Goldman & Sachs»... Под предлогом «катастрофичности» нарастания «глобального потепления»... кое-кто настойчиво требует расширения финансирования экологических программ [Там же: 103].

Что касается категории «избирательного подхода», наш анализ показывает, что чаще других использовались аргументы: «Это солнце»; и: «Потепление — это хорошо». Например, главный аргумент книги Кароля и Киселева «Парадоксы климата. Ледниковый период или обжигающий зной?» [Кароль, Киселев 2013] можно отнести именно к этой категории: авторы не отрицают антропогенного изменения климата, но при этом не критикуют Россию за то, что она не берет на себя ответственность за меры, необходимые в рамках климатической политики, или за сокращение выбросов. Кароль и Киселев следующим образом описывают текущую ситуацию:

> В России гелио-, термо- и ветроэнергетика пока развиты чрезвычайно слабо. Их интенсивное развитие планируется только на 2030 год... Например, сохранение и развитие преимущественно углеводородного сектора экономики России идет в разрез с мировой тенденцией энергоэффективности и энергосбережения... Конечно, в ближайшие годы приоритет углеводородного топлива над прочими видами получения энергии вряд ли будет поколеблен... [Там же: 245].

Аргументы, преобладающие в категории «избирательный подход», в целом служат для выражения оптимизма относительно позитивных последствий глобального потепления для России. Эту тенденцию можно рассматривать как продолжение традиций истории науки в Советском Союзе и России, когда в рамках высокого модерна научно-технический прогресс виделся в чрезмерно позитивном свете [Laruelle 2014b: 82]. Аналогичным образом категория «Климат менялся в прошлом», отнесенная Вашингтоном и Куком [Washington, Cook 2011] к категории «ложное умозаключение», может рассматриваться как интеллектуальное наследие гипотезы о глобальном похолодании, разработанной советскими учеными в 1950–1970-х годах [Wilson Rowe 2009]. Согласно этой гипотезе, климат Земли переживает новый период оледенения, и эти естественные климатические колебания, которые происходят с интервалом в несколько тысяч лет, представляют собой более реальную и насущную угрозу, чем глобальное потепление. Следовательно, глобальное потепление является позитивным процессом, поскольку оно отдаляет начало нового оледенения. Аргументы, относящиеся к категории «искажение информации и ложные умозаключения» по классификации Вашингтона и Кука [Washington, Cook 2011], занимают доминирующее положение в дискурсе отрицания в анализируемых материалах. Эти аргументы в основном используются для обоснования теории похолодания климата. Эта теория представляет собой специфически российскую версию дискурса отрицания, и ее популярность связана с тем, что советская теория похолодания предшествует нынешнему общепринятому тезису о глобальном потеплении. Даже в наиболее нейтральных источниках (включая телевизионный документальный фильм «Россия наука») похолодание представлено таким же вероятным сценарием, как и глобальное потепление. В наиболее популистских версиях эта теория была доведена до крайности: апокалиптическое ви́дение будущего скорее напоминало научную фантастику (в передаче РЕН-ТВ «Территория заблуждений» и документальном фильме НТВ «Холод»). Такое продвижение теории похолодания климата свидетельствует о подчеркивании роли России с ее крупнейшими запасами углеводородов, которая может спасти мир от глобальной зимы, не принимая мер по сокращению выбросов парниковых газов, а, наоборот, способствуя глобальному потеплению. В документальном фильме «Холод» утверждается:

Колебания температур на Земле — естественный и неизбежный процесс. Конечно, бороться с выбросами в атмосферу — это полезно, потому что воздух становится чище... но погодой управляют силы, не находящиеся в нашей власти. А нам остается только приспосабливаться, если удастся.

В том же духе звучат высказывания в передаче РЕН-ТВ:

[Ученые] не сомневаются и в другом: если бы человечество вместо глобального потепления последние 35 лет готовилось к долгой зиме на планете, то мы могли бы успешно противостоять резкой смене температур [в этот момент в фильме показаны дымящие трубы нефтеперерабатывающего завода]... А теперь... человечество беззащитно перед новым ледниковым периодом, который нам грозит.

Другая линия аргументации, представляющая вышеупомянутую категорию, предполагает, что наблюдаемое повышение температуры имеет естественное происхождение. В одной из статей в «Российской газете» возможной причиной будущих засух в Киргизии и Центральной Азии называется изменение климата, которое невозможно предотвратить: «По мнению ученых, человек, увы, не может ничего сделать, чтобы подобные мрачные прогнозы не сбылись»[11].

Это утверждение повторяется в одной из серий популярного детского мультфильма «Барбоскины»[12]. Во время летней жары юный герой слышит по радио о глобальном потеплении, но пропускает окончание новостей, потому что радиоприемник

---

[11] Российская газета. 2012. 5 апр. URL: http://www.rg.ru/2012/04/05/resurs.html (дата обращения: 18.04.2018).

[12] «Барбоскины». Серия 107. «Глобальное потепление». URL: https://www.youtube.com/watch?v=LgkE90RHey4 (дата обращения: 18.04.2018).

выключается, когда в него попадает теннисный мяч. Он предполагает, что это он вызвал волну жары и глобальное потепление, потому что в один холодный зимний день, чтобы согреть воздух, отправил в верхние слои атмосферы фен своей сестры, прикрепив его к связке воздушных шариков. Привязав к себе воздушные шарики, он хочет отправиться на поиски улетевшего фена, чтобы спасти человечество от глобального потепления. Но тут вмешивается его старший брат, чтобы помешать ему улететь в атмосферу. В этот момент радио снова включается, и диктор говорит: «Ученые сошлись во мнении, что глобальное потепление происходит в результате непрерывного природного цикла. Никакого влияния на этот процесс земляне не оказывают и оказать не могут». Герой радуется, что это не его вина, и все хорошо заканчивается: «Так значит, это не я? Земля сама нагревается!» Политический посыл мультфильма заключается в том, что россиянам не нужно беспокоиться о последствиях изменения климата и (что более важно) нет необходимости поддерживать повестку, требующую сокращения выбросов или изменений в энергетической политике, поскольку люди не могут повлиять на климатические процессы.

Согласно аргументу о естественных причинах климатических изменений, в политике смягчения последствий нет нужды; напротив, такая политика наносит ущерб экономике России и развивающимся странам. Поэтому правительства несут моральное обязательство не проводить такую политику. Пример этого аргумента мы видим в реплике ведущего ток-шоу ТВ1 «Гордон Кихот»[13], который придерживается точки зрения, выраженной в ряде газетных статей:

> Но «всемирный судья», экономический и политический, с помощью организации Greenpeace принимает целый ряд мер, направленных на то, чтобы изменить хозяйственную деятельность в пользу одних, ущемляя при этом других, основываясь на научном споре и ни на чем больше.

---

[13] «Гордон Кихот» — «Глобальное потепление». URL: https://en.myshows.me/m/view/episode/1111359/ (дата обращения: 18.04.2018).

РЕКОНТЕКСТУАЛИЗАЦИЯ
ДИСКУРСА ОТРИЦАНИЯ

В отличие от ряда всемирно известных российских климатологов, которые придерживаются международно признанных постулатов климатологии и не согласны с тем, что российский контекст может повлиять на их взгляды, авторы, отрицающие климатические изменения на основании трех рассмотренных выше аргументов (теории заговора, избирательного подхода и искажения информации / ложных умозаключений), подчеркивают значение специфически российских политических и экономических условий. В крайней версии дискурса отрицания выдвигается мессианская идея о том, что Россия играет особую роль в глобальной климатической системе и, более того, в мировой истории. В этой версии, которая опирается на аргументы категорий избирательного подхода и ложных умозаключений, Россия призвана спасти мир от глобального похолодания, увеличив выбросы парниковых газов в атмосферу. В более мягкой версии доказывается, что Россия на самом деле ведет себя ответственно, когда выступает против возглавляемого Западом «заговора зеленой индустрии» и отказывается ставить под угрозу глобальный экономический рост, в частности право развивающихся стран на модернизацию, во имя климатической политики.

Как уже отмечалось, противопоставление российских и международных интересов в отношении климатических изменений постоянно возникает в анализируемых материалах. Международная климатическая политика все чаще рассматривается как проект гегемонии Запада, цель которого обойти или подорвать суверенитет России. Это противопоставление также подтверждается аргументами о заговоре. Как показывает наш анализ, дискурс отрицания порождает недоверие к общепризнанной климатологии и подчеркивает контекстуальный характер научного знания, утверждая, в частности, что Запад пытается монополизировать науку о климате и что глобальное управление климатом является западной стратегией с целью ослабить Россию экономически и политически. Аналогичные аргументы, хотя и с несколько иным содержанием, уже звучали в российских медиа в начале 2000-х годов [Korppoo et al. 2015: 28–29].

Соответственно, совпадение по времени смены тональности дискурса об изменении климата и возвращения Путина к власти подтверждает, что новый дискурс служит внутриполитическим потребностям режима. Вероятно, стимулом для этого качественного изменения дискурса, возникшим после засухи и пожаров 2010 года, стала необходимость уменьшить угрозу, исходящую от противников режима, тем более что политика в области климатических изменений практически не подвергалась критике со стороны общества. Необходимость исключить экологическую критику в адрес власти, которая не занимается смягчением последствий климатических изменений и адаптацией к ним, возможно, отчасти связана со страхом, вызванным протестами против третьего срока Путина, которые прошли в крупных городах России в 2011 и 2012 годах.

В дополнение (или в рамках) аргумента о суверенитете и явных политических интересах путинского режима можно сказать, что материально-пространственный контекст России оказывает глубокое влияние на культурную и политическую сферы. Другими словами, коллективное чувство, вызванное огромным пространством и якобы бесконечными ресурсами страны, объясняет по крайней мере некоторые используемые в России аргументы, обосновывающие отрицание климатических изменений, а также заинтересованность режима и его сторонников в эксплуатации углеводородов. Один из мотивов, побуждающих российских политиков и акторов в области энергетики выступать против общепринятого в мире понимания климатических изменений или, по крайней мере, подвергать серьезным сомнениям их антропогенный характер, вероятно, связан как с особой заинтересованностью энергетического сектора в поддержании статус-кво во внутренней энергетической политике, так и с заинтересованностью путинского режима в исключении возможной критики, основанной на углеводородах политико-экономической системы, со стороны российского общества.

Обратившись к литературе по конструированию идентичности на основе материальных особенностей энергетики России [Bassin 2006; Bouzarovski, Bassin 2011; Гриб 2009; Rogers 2012; Rutland 2015], мы обнаруживаем, что российский дискурс отрицания климатических изменений может быть стратегически использован для укрепления национальной идентичности, сконструированной через понятие России как «углеводородного гиганта» или «энергетической сверхдержавы». Как отмечают упомянутые выше ученые, налицо стремление российского руководства усилить роль углеводородов как основы статуса великой державы. Таким образом, международное понимание проблемы климатических изменений, в частности, согласованные на международном уровне решения, включая диверсификацию источников энергии в сторону от ископаемого топлива, представляются в российских медиа как экзистенциальная угроза национальной идентичности россиян.

НЕКОТОРЫЕ ВЫВОДЫ

Российский дискурс об изменении климата имеет национальную специфику, особенно в том, что касается отрицания климатических изменений. Он основывается на представлениях российской элиты о географии, ресурсах и месте России в мире.

В России существует определенный культурный код, позволяющий использовать «негативную сакральность», то есть социальные табу, в интересах власть имущих [Kivinen 2002]. В контексте нашего отрицания особый интерес представляют три проявления такой «негативной сакральности». Во-первых, это демонизация реальности, которая, как показывает наш анализ, зачастую строится на культивировании теорий заговора и игнорировании научных фактов. Расширение добычи и использования ископаемого топлива нередко предлагается в качестве оптимального решения как для России, так и для развивающихся стран, что прямо противоречит политике смягчения последствий климатических изменений за счет сокращения доли ископаемой энергетики. Согласно общей теории отрицания Жака [Jacques

2012], основная причина отрицания заключается в том, что дискурс о климатических изменениях может быть опасен для тех, кто стремится сохранить власть и привычный образ жизни. Во-вторых, потенциальный и реальный *хаос, вызываемый климатическими изменениями*, практически невозможно обсуждать на политическом уровне. Кроме того, развитие производственных сил (то есть промышленного потенциала) и сопутствующий рост потребления рассматриваются как линейный процесс, обеспечивающий благосостояние и сокращение бедности. Эта сакральная цель превращается в «негативную сакральность», третье табу, скрывающее тот факт, что добывающий характер российской экономики в конечном счете ведет к *потреблению будущего богатства* нации из-за истощения ресурсов и изменения климата.

При сравнении современного российского дискурса о климатических изменениях с дискурсом в 2000-е годы [Tynkkynen N. 2010; Wilson Rowe 2009, 2012] можно выявить следующее изменение: пессимистические оценки изменений стали преобладать над аргументами, поддерживающими общепризнанную науку о климате. Радикальные сторонники отрицания были влиятельны в российской климатологии еще до ратификации Киотского протокола [Laruelle 2014b: 83–84], — вероятно, благодаря тому, что у них, как показывает наш анализ, больше возможностей для охвата аудитории через медиа по сравнению с учеными и журналистами, придерживающимися признанного в мировом сообществе понимания проблемы. Перемены, произошедшие в последнее время в положении России как производителя и экспортера углеводородов, а также во внешнеполитической повестке и внутриполитической ситуации в стране, могут дополнительно мотивировать политическое руководство не выступать против деятелей, отрицающих изменение климата, или, по крайней мере, не поддерживать их открыто.

Разумеется, дискуссии в контролируемых государством медиа не отражают отношения россиян, и доминирующий дискурс слабо связан с выбором, который Россия может сделать в рамках международного управления климатом [Korppoo et al. 2015: 44, 47; Smyth, Oates 2015: 302]. Однако чем меньше население России осведомлено о проблемах, вызванных климатическими изменениями, и чем меньше оно встревожено этими проблемами, тем дольше власть может продолжить укреплять свои позиции, накапливая богатство за счет добычи и экспорта ископаемого топлива и игнорируя связанные с ним же угрозы. Продвигаемые в подконтрольных медиа противоречивые и голословные заявления, как, например: «климатологи делают сомнительные выводы», или: «в соглашениях по климату отсутствует рациональное зерно», или: «изменение климата не несет рисков для России», соответствуют интересам энергетической отрасли и путинского режима, обеспечивая отсутствие сильного противодействия со стороны населения безответственному отношению России к международным обязательствам по смягчению последствий климатических изменений. Публичная дискуссия после подписания Парижского соглашения в декабре 2015 года выходит за рамки нашего исследования, но тем не менее можно предположить, что направленность климатического дискурса не меняется заметным образом, поскольку в соответствии с этим соглашением обязательства России по сокращению выбросов отнюдь не были амбициозными.

Все это может иметь серьезные последствия для последующей реализации климатической политики России. Необходимость активных действий в сфере смягчения последствий изменения климата может вызвать еще большее неприятие, чем требование перемен. Из-за «негативной сакральности» становится невозможным обсуждение потенциального и реального хаоса, причиной которого может стать изменение климата. Более того, поскольку международные усилия по борьбе с изменением климата часто рассматриваются в России как заговор с целью получения прибыли или ограничения суверенитета России, великодержавный элемент национальной идентичности затрудняет принятие политики, направленной на смягчение последствий изменений и сокращение выбросов. Энергия, получаемая из ископаемого топлива, рассматривается как пропуск России к статусу великой державы, и, похоже, в ближайшее время «сакральность» положения не будет подвергнута пересмотру.

ПРИЛОЖЕНИЕ. ПРОАНАЛИЗИРОВАННЫЕ ДОКУМЕНТАЛЬНЫЕ ТЕЛЕФИЛЬМЫ, ТОК-ШОУ И СЕРИАЛЫ

1. Программа, посвященная изменению климата, вышедшая в эфир на государственном канале ТВ1 12 декабря 2009 года («Гордон Кихот» — «Глобальное потепление»).

2. Телевизионный документальный фильм «История одного обмана, или Глобальное потепление» (вышедший в эфир 12 декабря 2010 года на государственном канале ТВ1), в котором использованы фрагменты британского документального фильма об отрицании изменения климата «Великое надувательство глобального потепления» (2007).

3. Выпуск программы, вышедший в эфир на канале РЕН-ТВ 26 марта 2013 года («Территория заблуждений с Игорем Прокопенко» № 20).

4. Телевизионный документальный фильм, показанный на российском канале «Наука» 14 августа 2013 года (Наука 2.0. «Глобальное потепление или ледниковый период»).

5. Документальный фильм «Холод», вышедший в эфир на канале НТВ в декабре 2013 года.

6. Комедийная передача для взрослых «Одна за всех», эпизод «Крис и Энджи — Глобальное потепление», вышедший в эфир в ноябре 2011 года.

7. Популярный мультипликационный фильм (более 7,1 миллиона просмотров на YouTube) для детей «Барбоскины», 107-я серия «Глобальное потепление», вышедшая в эфир на канале ТВ1 в октябре 2013 года.

Глава 7
Климат меняет Россию
От углеводородной к экологической культуре

В этой заключительной главе я намерен обобщить особенности российской углеводородной культуры и практики российской геоправительности, опирающейся на ископаемые ресурсы, в контексте глобальных климатических изменений. Путинская Россия продолжает многовековую имперскую практику насилия по отношению к собственному народу и внешнему миру и при этом не в состоянии эффективно использовать богатые природные ресурсы страны, которые могли бы способствовать решению глобальных экологических проблем. Поэтому я хочу не только обсудить мрачное прошлое и первые (далеко не самые разумные) шаги, предпринимаемые режимом для достижения этой глобальной цели, но и представить ви́дение жизнеспособной и устойчиво развивающейся России. Это ви́дение основывается на тех же географических реалиях, что и критикуемая геоправительность углеводородной культуры, а также на понимании российской национальной идентичности и культуры. Запустить пространственные и социальные процессы, которые сделают Россию экономически сильным и уважаемым на международной арене государством, безусловно, сложно, но не невозможно. Для этого требуется переосмыслить цели и правила игры как внутри страны, так и в трансграничном контексте и понять, каким образом россияне могут способствовать необходимым переменам и как партнеры России могут содействовать этому в сфере бизнеса и политики.

НЕИЗБЕЖНОСТЬ ПЕРЕМЕН:
ПОСТРАДАЕТ РОССИЯ ИЛИ ВЫИГРАЕТ?

Накопленные за последние десятилетия научные данные и политический консенсус свидетельствуют о том, что климатические изменения не обрушиваются на нас внезапно. В глобальной перспективе это не «черный лебедь»; наступление и серьезность изменений не должны быть неожиданностью для лидеров. Однако, учитывая представления о России, формируемые путинским режимом, негативные социальные последствия происходящих климатических изменений могут оказаться неожиданными для многих россиян. Как показано в предыдущих главах, ископаемая энергетика, политическая власть и отрицание изменений переплетены в России в такой степени, что реализация амбициозной климатической политики, направленной на сокращение выбросов и, следовательно, на смягчение последствий климатических изменений и переход от углеродной энергетики к углеродно нейтральной, будет чрезвычайно сложной задачей. Политическое руководство России, учитывая все обстоятельства, может даже рассматривать последствия изменения климата как благоприятные для России. При этом Соединенные Штаты, ряд европейских стран и Китай пострадают *больше*, чем Россия [Graybill 2019], и потому изменение климата, очевидно, несет определенные выгоды для евразийского территориального гиганта. В исследованиях, описывающих потенциально благоприятный экономический эффект от климатических изменений (например, в работе Берка с коллегами [Burke et al. 2015], посвященной экономическим последствиям изменения климата в различных регионах, и в исследовании государственных расходов в России [Leppänen et al. 2017]), звучит призыв к российскому руководству придерживаться нарратива о благотворных последствиях изменения климата для России. Эту историю россиянам рассказывают по крайней мере с 1990-х годов (см., например, [Tynkkynen N. 2010]): глобальное потепление, если оно произойдет, в силу естественных причин пойдет на пользу России. Известное высказывание президента Путина, сделанное в 2000-х годах в связи с изменением климата, — «нам будет нужно меньше меховых шапок» — вполне согласуется с возможными расчетами на выигрыш одной стороны, свойственными нарративу и политической позиции отрицания негативных последствий климатических изменений. Если эта идея действительно определяет слова и дела геоправительности путинского режима, как я утверждаю в этой книге, то представление о России как осажденной крепости, пронизывающее политическую мысль, глубоко искажает восприятие российским руководством проблем безопасности и возможных рисков.

Такого рода мышление хорошо вписывается в общую националистическую риторику консервативно-популистских движений, которые восхищаются авторитарным правлением и обещаниями навести порядок в мире, где, как им представляется, царит хаос, и которые, как мы видим, набирают силу повсеместно от Европы и Азии до Южной и Северной Америки. Люди, которые придерживаются этого ограниченного взгляда на мир, не способны (или не желают) видеть совокупные негативные последствия климатических изменений как общую проблему, стоящую перед всем человечеством и всеми народами. Они рассматривают глобальное управление климатом и последствия изменений как игру с нулевой суммой. В соответствии с этим мировоззрением важно не смягчение последствий, а контроль над мыслями граждан внутри страны, навязывание идей отрицания изменений и общей ответственности в надежде, что другие народы, которые предположительно и действительно в большей степени страдают от глобального потепления, сами предпримут усилия по смягчению этих последствий. Кроме того, поскольку акторы, которые в действительности предпринимают меры по смягчению последствий, например ЕС, являются основными потребителями ископаемых энергоресурсов России, сама реализация этих мер превращается в угрозу безопасности режима, основанного на ископаемом топливе.

Рассматривая последствия климатических изменений для России, необходимо подчеркнуть, что, помимо прямых экологических и социальных последствий, существуют и другие, связанные с глобальными проблемами. Эти проблемы, в том числе проблемы безопасности людей и роста числа беженцев в связи с конфликтами и кризисами в Азии, на Ближнем Востоке и в Африке, которые, в частности, возникают из-за вызванной изменениями нехватки ресурсов, продовольствия и воды, практически не упоминаются в российских дискуссиях о климатических изменениях. Как уже говорилось в предыдущей главе о теме климата в российских медиа, суть медийного нарратива сводится к тому, что из-за климатических изменений могут возникнуть проблемы, но они не затронут Россию. Однако, помимо вполне вероятных последствий изменений на территории России, будет еще и косвенное влияние глобальных изменений.

Потепление приведет к увеличению частоты экстремальных и негативных погодных явлений [Trenberth, Fasullo 2012], а также к инфраструктурным проблемам и экономическим издержкам — в том числе для любимой властями нефтегазовой отрасли, — вызванным таянием вечной мерзлоты [Hjort et al. 2018; Schaeffer et al. 2012]. Действительно, таяние вечной мерзлоты становится весьма значимой проблемой как для России, так и для всего мира. В глобальном масштабе таяние вечной мерзлоты может привести к выбросу в атмосферу таких огромных объемов метана, что, в свою очередь, вызовет неконтролируемый парниковый эффект с катастрофическими последствиями. В России вечная мерзлота покрывает примерно 60 % территории страны в Западной, Центральной и Восточной Сибири. Последствия таяния вечной мерзлоты будут иметь негативное влияние на промышленную, транспортную и коммунальную инфраструктуру. Произойдет заболачивание верхнего слоя почвы, и ускорится эрозия, что приведет к увеличению затрат на строительство и поддержание инфраструктуры. Большинство неосвоенных месторождений углеводородов в России находятся в районах вечной мерзлоты, и, следовательно, происходящие там изменения окружающей среды негативно скажутся на экономике будущих проектов и экспорте углеводородов. Это признается в официальных документах правительства [Министерство энергетики 2016]: по мере изменения климата защита критически важных инфраструктурных объектов станет гораздо более важной, чем сегодня.

В более северных районах повышение температуры станет благом для сельского хозяйства, однако выгоды от использования этих менее плодородных земель будут нивелированы сокращением производства зерна в наиболее плодородных южных областях России. Из-за уменьшения количестве осадков и испарения эти территории станут более засушливыми [Belyaeva, Bokusheva 2017]. Потепление и увеличение содержания CO_2 в атмосфере приведут к ускорению роста лесов в большой хвойной зоне Евразии, но ожидается, что леса и лесоводство в таежной зоне пострадают от распространения патогенных микроорганизмов и более частых лесных пожаров [La Porta et al. 2008]. Кроме того, усугубятся проблемы со здоровьем, а ожидаемая продолжительность жизни сократится из-за экстремальных погодных явлений, — например, из-за аномальной жары и распространения на север тропических и субтропических болезней и насекомых — переносчиков инфекций [Revich et al. 2012].

Таким образом, региональные и глобальные процессы с обратной связью, сопровождающие интенсивное изменение климата, окажут на Россию такое же воздействие, как и на другие промышленно развитые северные страны. Однако существующий менталитет углеводородной культуры предполагает изоляцию России от глобальных процессов и фактически от мирового сообщества. Самоизоляция России в «осажденной крепости» и движение путинского режима в сторону националистически окрашенного консерватизма лишают Россию возможности играть сколь-либо значительную роль в борьбе с климатическими изменениями, особенно в свете неспособности режима оценить трансграничные угрозы безопасности, связанные с этими изменениями. Как известно, климатические изменения угрожают безопасности всех стран, включая Россию. А потому, к сожалению, сначала появляется черный, а не белый лебедь: какое-нибудь стихийное бедствие в России, вызванное климатическими изменениями, вполне может стать триггером для перехода к устойчивому развитию, ибо в современной политической культуре изменение климата не воспринимается как проблема руководством авторитарной и зависимой от ископаемых ресурсов страны. В действительсти, если не рассматривать эти изменения через призму социально сконструированной идентичности и практики геоправительности углеводородной культуры, оно является проблемой для российского народа, бизнеса и окружающей среды независимо от мировоззрения руководства страны. Серьезность катастрофы, которая может быть вызвана климатическими изменениями (и то, как скоро она произойдет), определит, войдет ли Россия в число лидеров нового мира климатической нейтральности или останется страной, неспособной извлечь экономическую или политическую выгоду из перехода к углеродно нейтральной энергетике.

В свете стратегических перспектив России, продиктованных культурой углеводородов, быстрая трансформация энергетики представляется неоптимальной. Масштабный переход от углеводородов к возобновляемым источникам энергии (ВИЭ) предоставляет потребителям энергии больше возможностей выбора, и это означает, что контроль России над потоками энергоресурсов становится менее эффективным инструментом геополитической власти (см. главу 4). Кроме того, поскольку государственный бюджет Российской Федерации в значительной степени зависит от доходов от экспорта энергоносителей, серьезные изменения в этом секторе могут оказать негативное влияние на многие другие отрасли, включая военно-промышленный комплекс. Наконец, различные политические и технологические факторы препятствуют выходу России на передовые роли в разработке технологий, необходимых для перехода на возобновляемые источники энергии. Участие России в международной климатической политике свидетельствует о том, что она стремится использовать дипломатию для влияния на международную энергетическую и климатическую политику так, чтобы препятствовать переменам. Ключевая причина такого поведения заключается во власти, создаваемой и поддерживаемой с помощью углеводородной культуры.

Логика углеводородной культуры очевидно мешает раскрытию потенциалу России для перехода на новый уровень технического прогресса. Инновационная экономика как необходимое условие устойчивого экономического развития на основе возобновляемых источников энергии потребует отказа от мышления и практик — геоправительности — углеводородной культуры. Вместо этого путинская Россия в настоящее время пытается более эффективно использовать различные невоенные формы агрессии, чтобы компенсировать технологическое отставание от стран Запада и Китая. Эта отправная точка фактически определяет повестку Стратегии национальной безопасности России. В этом документе говорится, что прямые и косвенные политические, военные, экономические и информационные средства используются в глобальной борьбе за власть и для обеспечения «стратегического сдерживания» [Стратегия 2015]. Быстрый переход на новый технологический уровень, где ведущая роль отводится энергетическим технологиям на основе ВИЭ, создает угрозу безопасности для путинского режима, которой необходимо противостоять, используя широкий спектр асимметричных и жестких средств, посредством ведения так называемой «гибридной войны» [Cullen, Reichborn-Kjennerud 2017; Galeotti 2017]. Более того, во имя национальных интересов власть, опираясь на углеводородную культуру, пытается мобилизовать все российское общество — от отдельных граждан до крупных предприятий — на поддержку этого гибридного наступления [Chernenko 2012]. Таким образом, возможности для устойчивого развития России благодаря переходу на новый технологический уровень и новые виды энергии на основе ВИЭ крайне ограничены в условиях современной, склонной к проявлению насилия углеводородной культуры. Именно так обстоят дела, несмотря на тот факт, что в России происходит расширение использования возобновляемых источников энергии, как будет показано ниже.

ПЕРВЫЕ ШАГИ: ВНЕДРЕНИЕ ВОЗОБНОВЛЯЕМОЙ ЭНЕРГЕТИКИ В РАМКАХ УГЛЕВОДОРОДНОЙ КУЛЬТУРЫ

Россия — это энергетический гигант в том числе и по потенциалу возобновляемой энергетики: она обладает большими ресурсами и относительно технологически развитыми обществом и экономикой, необходимыми для перехода к возобновляемым источникам энергии и низкоуглеродной экономике. Биоэнергетический потенциал России огромен благодаря самым большим в мире лесным ресурсам, а ее обширная территория позволяет экономически выгодно развивать ветровую энергетику, малые ГЭС, а также солнечную и геотермальную энергетику [LUT 2015]. Несмотря на эти благоприятные условия, политическая элита стала крайне зависимой от ресурсной ренты и власти, получаемой за счет углеводородов, и формирующаяся на наших глазах углеводородная культура приходит в противоречие целям перехода к зеленой энергетике. Зависимость от исторически выбранного пути фактически предопределяет существующий подход к энергетике, ресурсам и окружающей среде в России. Важным фактором возникновения и сохранения этой зависимости является центральное место добычи и экспорта ресурсов в экономике России на протяжении всей ее истории — от пушнины, угля и руды до нефти и газа, — в результате чего формируются экономические и экологические практики, характерные для других колониальных стран Африки, Азии, Южной и Северной Америки. Эта историческая тенденция особенно отчетливо проявилась в период индустриализации советской эпохи, которая во многом осуществлялась за счет бесконтрольного использования природных ресурсов. Огромные масштабы добывающей промышленности — это результат не только политической истории и больших запасов природных ресурсов как таковых, но и особой географии ресурсов: важные месторождения нефти, газа, угля и урана неравномерно распределены на российском евразийском пространстве. Добывающие отрасли требуют значительных инфраструктурных инвестиций для освоения ресурсов, залежи которых располагаются в основном на периферии. Этой особой географией населения и ресурсов страны обусловлена «растянутость» инфраструктуры. Кроме того, этот фактор усиливает связь между энергетикой и обществом: чем больше Россия вынуждена инвестировать в энергетическую инфраструктуру (в газо- и нефтепроводы, порты и т. д.) для поддержания объемов производства, позволяющих получать определенный уровень ренты, тем

больше сужается политический выбор в пользу перехода к безуглеродной энергетике.

Несмотря на эту сложную ситуацию, Россия официально выступает за использование возобновляемых источников энергии
и повышение энергоэффективности. Во всех энергетических
стратегиях, утвержденных российским правительством в 2000-е
годы [Министерство энергетики 2003, 2009, 2017], подчеркивается необходимость повышения энергоэффективности в экономике, от домохозяйств до государственного сектора и промышленности. Этот призыв к повышению эффективности вполне
согласуется с экономическим обоснованием уменьшения использования нефти и газа в российской экономике, чтобы иметь
возможность продавать дополнительные объемы ресурсов на
международных рынках с большей наценкой. Более того, работа
по повышению энергоэффективности связана с развитием возобновляемой энергетики, поскольку возобновляемые источники
энергии рассматриваются как замена прежде всего нефти и угля
в структуре внутренней энергетики [Smeets 2018a]. Несмотря на
критику за чрезмерный оптимизм, особенно в отношении энергоэффективности и расширения использования возобновляемых
источников энергии, все главные цели стратегий [Tynkkynen N.,
Aalto 2012: 107; Tynkkynen 2014] отражают политические цели,
поставленные властью перед энергетическим сектором. Следовательно, в стратегиях действительно говорится о направлении, в котором, с официальной точки зрения, должна меняться
энергетическая политика России, и эти заявления призваны
убедить остальной мир в том, что Россия — современное государство, решающее актуальные задачи, которому не хватает
только инструментов для практической реализации этих амбициозных целей. Чрезмерно оптимистический характер энергетических стратегий становится очевидным, если посмотреть на то,
как в течение последнего десятилетия обсуждался вопрос
о возобновляемой энергетике, какие цели ставились и как эти
цели достигались. В стратегии на 2009 год отмечается, что доля
возобновляемых источников энергии в структуре энергетического баланса России к 2030 году должна составлять 14 % от общей

потребности в энергии, а доля электроэнергии, производимой с помощью ВИЭ, должна достичь 4,5 % [Министерство энергетики 2009]. В настоящее время в энергобалансе России только 1 % приходится на так называемые новые возобновляемые источники энергии [IEA 2018b].

Тем не менее принятые стратегии оказали влияние на законодательство. Цели по использованию возобновляемых источников энергии для повышения энергоэффективности определены в Распоряжении Правительства РФ «Об основных направлениях государственной политики в сфере повышения энергетической эффективности электроэнергетики на основе использования возобновляемых источников энергии на период до 2020 года» [Правительство РФ 2009]. Законодательная база для использования возобновляемых источников энергии в России, в частности ветроэнергетики и биоэнергетики, была создана в начале 2000-х годов, и недавно российское правительство включило в нее нескольких новых норм, касающихся как оптового, так и розничного рынков электроэнергии [Gsänger, Denisov 2017: Приложение 2]. На первый план вышли две основные правительственные стратегии. Первая стратегия определена Постановлением Правительства РФ № 449 от 28 мая 2013 года «О механизме стимулирования использования возобновляемых источников энергии на оптовом рынке электрической энергии и мощности», которое устанавливает порядок реализации проектов по использованию возобновляемых источников энергии на оптовом рынке электроэнергии. С момента своего утверждения это постановление несколько раз дополнялось. Вторая стратегия определяется Распоряжением Правительства РФ № 1634-р от 1 августа 2016 года «О схеме территориального планирования Российской Федерации в области энергетики», в котором ставится задача построить более десятка ветроэлектростанций мощностью более 100 МВт с целью достижения общей ветроэнергетической мощности в 4,5 ГВт к 2030 году. Эти усилия в значительной степени связаны с дискурсом и нормами в области энергетической эффективности: Федеральный закон 2009 года «Об энергосбережении и о повышении энергетической эффективности» и Федеральный закон

2010 года «О теплоснабжении» основаны на идее о том, что более широкое использование возобновляемых источников энергии повышает энергоэффективность.

Что касается ветроэнергетики, то существующая нормативная база обеспечивает относительно высокий гарантированный уровень окупаемости инвестиций [Kozlova 2015]. Если проект соответствует критериям контракта на поставку мощности по эффективности и используемой мощности, то гарантированная рентабельность инвестиций в ветроэлектростанции составляет 12 %. Однако, несмотря на эти привлекательные условия, внедрение ветрогенерации в России идет очень медленно: общая мощность текущих проектов ветроустановок составляет менее 2000 МВт. Тем не менее реализация этих проектов обеспечит 10-кратное увеличение мощности ветроэнергетики в России. Гзангер и Денисов [Gsänger, Denisov 2017] указывают на ряд препятствий, замедляющих развитие ветроэнергетики в России. Во-первых, в этом секторе очень мало инвестиций, поскольку отсутствует прозрачная схема получения прибыли. Во-вторых, институциональная структура не ориентирована на ветроэнергетический сектор, поскольку игроки географически рассредоточены и им не хватает масштаба, необходимого для влияния на политику на национальном уровне. Этот фактор усугубляется все еще недостаточным объемом рынка ветрогенерации в России. В-третьих, несмотря на наличие законодательной базы, она остается не проработанной, особенно в отношении технических стандартов и вопросов землепользования. Например, затруднительно соблюдать отраслевые стандарты из-за сложности нормативных актов, касающихся требований в отношении производства и закупок оборудования на внутреннем рынке. Наконец, небольшим ветрогенерирующим компаниям трудно подключиться к электросетям, так как на рынке доминируют крупные акторы в области тепловой, атомной и гидроэнергетики. Таким образом, нормативная и административная основа для использования ВИЭ существует де-юре [Boute 2011, 2012], но де-факто развитие этого сектора весьма затруднено [Pristupa, Mol 2015].

Несмотря на усилия по созданию нормативной базы для возобновляемых источников энергии в России, все еще имеются серьезные проблемы, связанные с правовыми аспектами: система непрозрачна и полна пробелов в законодательстве, затрудняющих деятельность малых и средних предприятий в этой сфере [Smeets 2018a, 2018b]. Кроме того, структура энергетического сектора в России крайне не сбалансирована: в ней доминируют гигантские полугосударственные компании и государственные корпорации, такие как Газпром, «Роснефть» и «Росатом», что существенно затрудняет развитие возобновляемой энергетики. С точки зрения инфраструктуры существующие препятствия связаны также с преобладанием газа, на который приходится половина потребления в энергетическом балансе России. Исторически сложившееся доминирование газовой отрасли наряду с реализуемой программой газификации России (см. главу 3) создает политическую и инфраструктурную зависимость от выбранного пути, которая становится основным препятствием для декарбонизации России. Однако в секторе биоэнергетики, который развивается преимущественно в таежной зоне, существует потенциал для широкого использования возобновляемых источников, поскольку они могут заменить дорогостоящие нефтепродукты и уголь, доставляемые из отдаленных регионов. Это объясняется тем фактом, что лесная промышленность, которая является значимым актором в трех лесных кластерах России — в Северо-Западном регионе, Южной Сибири и на Дальнем Востоке, — заинтересована в развитии биоэнергетики. Несмотря на этот позитивный потенциал, в России реализуется очень мало проектов электростанций, работающих на биотопливе, притом что в национальных энергетических стратегиях Север определен в качестве пилотного региона, который призван проложить путь к более широкому внедрению биоэнергетики по всей стране [Правительство РФ 2009]. Как ни странно, одним из препятствий на пути развития биоэнергетики в лесопромышленных регионах России является система северного завоза, которая предназначена в основном для транспортировки тяжелой нефти и угля из-за пределов региона для использования на местных электростанциях. Несмотря на дороговизну электроснабжения для населения Севера, субсидии и рента, связанные с северным завозом, затрудняют ввод новых энергетических мощностей на основе возобновляемых источников энергии [Salonen 2018]. С другой стороны, экспорт биотоплива (в основном в ЕС) в виде древесных гранул и щепы в последнее десятилетие становится гораздо более перспективным направлением [Tynkkynen 2014].

Россия обладает всеми материальными ресурсами, необходимыми для того, чтобы стать «зеленым гигантом», но в настоящее время серьезно отстает по доле возобновляемой энергетики от других крупных энергетических держав — Евросоюза, Китая и Соединенных Штатов. Глядя на относительное увеличение использования ВИЭ, можно подумать, что в России уже происходит серьезный сдвиг, но это объясняется чрезвычайно низкой отправной точкой. В контексте углеводородной культуры возникает вопрос: кто продвигает возобновляемую энергетику в России и почему определенные акторы делают это? С точки зрения дискурса, продвижение возобновляемой энергетики является частью глобального пересмотра нормативных основ с целью формирования социальных и экономических практик в рамках цикла экологической устойчивости. Однако термин «устойчивое развитие» никогда не был особо популярен в России [Oldfield, Shaw 2002; Tynkkynen 2010]. Например, консервативный сдвиг в российской политике, произошедший после переизбрания Путина на пост президента в 2012 году, по сути, привел к исключению экологических обоснований из уравнения, сделав деньги основным стимулом для достижения целей, связанных с устойчивым развитием, в частности показателей энергетической эффективности [Gustafson 2012; Tynkkynen 2018a]. Вместе с тем Арктика вполне может стать тем регионом, в котором «устойчивое развитие» отвечает интересам путинского режима, поскольку признание ее «зеленой» обеспечит в будущем возможность реализации нефтегазовых проектов (см. главу 5). Основная проблема дискурса об устойчивом развитии для его российских критиков связана с социальным измерением, и в частности с акцентом на предоставление права голоса местным сообществам в определении курса действий в отношении природопользования [Tynkkynen 2009b]. Эта либеральная идея противоречит авторитарной структуре власти, сложившейся в России при Путине. Однако понятие устойчивого развития прочно вошло в корпоративную культуру, и крупнейшие российские углеводородные компании ежегодно представляют отчеты об устойчивом развитии. Аргументация российских акторов и институтов при обосновании необходимости устойчивого развития связана с концепцией демократии. Хотя в России проводятся выборы, существует многопартийная система и независимые неправительственные организации, демократия по большей части остается имитационной и контролируется нынешним режимом. Это наводит на мысль, что сама по себе идея демократии играет легитимирующую роль. Чтобы добиться признания, российские лидеры пытаются представить себя демократичными и приверженцами устойчивого развития в экономической политике. Полугосударственные компании используют нарративы, отражающие скрытый менталитет слабой устойчивости («неустойчивой отдачи», см. [Tynkkynen 2007: 865]) в ископаемой энергетике России. В официальной государственной политике и программах, например «Год экологии 2017» (см. главу 5), обсуждаются *экология* и *загрязнение* без использования нагруженного термина «устойчивое развитие». Чтобы понять, почему в России реализуется все большее число проектов, декларирующих устойчивое развитие, необходимо исследовать, кто продвигает возобновляемую энергетику.

Очевидно, что в качестве акторов, способных сегодня наращивать мощности в области возобновляемой энергетики, выступают крупные российские и зарубежные компании, а не региональные или местные предприятия, которые могли бы осуществить революцию снизу на энергетическом рынке. Например, финская компания Fortum, которая производит до 8 % электроэнергии в России, инвестирует в российскую ветровую и в солнечную энергетику [Fortum 2018]. Российская государственная корпорация «Росатом» [Rosatom 2018] также выходит на рынок возобновляемых источников энергии, инвестируя в ветроэнергетику.

И хотя это реальные проекты, их можно рассматривать скорее как показательные инициативы, посредством которых ядерный гигант пытается «обелить» свою весьма проблематичную репутацию в сфере экологии. Эти примеры показывают, что пока только крупные корпорации способны продвигать проекты в области возобновляемой энергетики в более или менее значимых масштабах. Введенные в эксплуатацию мощности (приблизительно 200 МВт) и планируемая мощность текущих инвестиционных проектов в ветроэнергетике (приблизительно 1800 МВт) в России в совокупности составляют около 2000 МВт [IRENA 2017: 12]. На первый взгляд, это вполне приемлемая цифра, однако в силу величины территории России (17 миллионов квадратных километров) потенциальная мощность ветроэнергетики составляет тысячи тераватт, и потому существует огромное несоответствие между этим потенциалом и мощностью действующих ветроэлектростанций. По данным Всемирного энергетического совета [World Energy Council 2018], экономически целесообразная потенциальная мощность ветроэнергетики России составляет ошеломляющие 6000 ТВт·ч в год. Для сравнения, в Германии, которая занимает третье место по мощности ветроэнергетики после Китая и Соединенных Штатов, ветроэлектростанции в 2016 году произвели 80 ТВт·ч. Примечательно, что эксплуатируемая мощность ветроэнергетики в Китае более чем в 150 раз больше, а в Соединенных Штатах — примерно в 80 раз больше, чем в Германии.

Суммируя сказанное, заметим, что в таких общественных условиях, как в современной России, продвижение возобновляемых источников энергии и переход к низкоуглеродной энергетике представляется чрезвычайно сложной задачей. Крупные игроки на энергетическом рынке предпринимают первые шаги по развитию сектора возобновляемой энергетики, и этот ориентированный на государство подход в ближайшие годы будет преобладать в России. Учитывая нынешние политические реалии [Smeets 2018a, 2018b], это единственный путь для продвижения возобновляемой энергетики в России. Для успешного перехода к новой структуре энергетики в России потребуются прозрачные правила для всех участников, малых и крупных акторов, а также разрыв фатальной взаимосвязи углеводородов и общества. Таким образом, несмотря на некоторые изменения, которые очевидно происходят в России, похоже, что (гео)политика возобновляемых источников энергии все еще остается (гео)политикой углеводородов.

СЛЕДУЮЩИЙ ШАГ: РАЗВЕНЧАНИЕ ПУТИНСКОЙ УГЛЕВОДОРОДНОЙ КУЛЬТУРЫ В РОССИИ И ЗА РУБЕЖОМ

Если климатические изменения — не проблема для руководства централизованно управляемой России, экономика которой основана на ископаемых ресурсах, то они, безусловно, станут ею для руководства глобально ориентированной федерализованной России с сильными местными и региональными органами власти. На региональном уровне уже происходят подвижки в секторе возобновляемой энергетики, а также в отношении смягчения последствий климатических изменений и адаптации к ним. Этот процесс идет в регионах, способных извлечь наибольшую выгоду из собственных возобновляемых источников энергии, а также в районах, которые уже ощущают последствия изменений [Skryzhevska et al. 2015]. Эти первые шаги по развитию возобновляемой энергетики в условиях углеводородной культуры могут стать предпосылкой для более широких экологических и политических преобразований в обществе, но сами по себе они не выведут Россию на путь устойчивого развития. Углеводородная культура должна быть исключена, а на смену общественному договору, основанному на доходах от нефти и газа, должны прийти региональные общественные договоры, основанные на местных социально-экономических преимуществах.

Каким образом можно развенчать углеводородную культуру? Первый шаг состоит в том, чтобы посредством определенного дискурса продемонстрировать и деконструировать несостоятельность углеводородной культуры, а также перечислить и критически проанализировать исходные предпосылки общественного договора, который базируется на углеводородной культуре и способствует ее сохранению. Именно в этом заключается цель этой книги, и, к счастью, я не одинок, так как все больше российских [Likhacheva et al. 2015; Makarov, Sokolova 2017] и западных [Collier 2011; Rogers 2015] экспертов участвуют в решении этой насущной задачи. Это, безусловно, очень сложно в авторитарном и все более закрытом информационном пространстве путинской России, но чрезвычайно важно, чтобы эта работа велась внутри страны — в первую очередь российскими гражданами — для того чтобы показать, насколько пузырь углеводородной культуры противоречит глобальному императиву отказа от углеводородов и почему ее сохранение опасно как для российского народа, так и для государства. Во-первых, это можно сделать, выявляя внутреннюю логику, а также бизнес- и политических акторов, стоящих за конкретными кампаниями и действиями в рамках углеводородной культуры, например путем тщательного изучения и анализа нарратива в специальном проекте «Новой газеты» под названием «Углеводородина» [Новая газета 2019], рассказывающем о «замечательной» национальной газовой программе Газпрома, которая, помимо всего прочего, бросает тень на возобновляемые источники энергии.

Во-вторых, наряду и в связи с развенчанием углеводородной культуры во внутрироссийском контексте необходимо конструирование нарратива о «великой экологической державе» [Клюев 2002; Tynkkynen N. 2010].

Устойчивое развитие России возможно благодаря раскрытию ее потенциала в области возобновляемой энергетики, а также накоплению углерода с помощью охраняемых лесов, болот и вечной мерзлоты. Такой должна быть позиция великой державы, достигаемая не путем распоряжений и принуждения, а благодаря мягкой силе, которой обладает Россия, потому что другие страны равняются на нее. Это Россия, которая вызывает уважение и восхищение за ее экологические блага, которые она предоставляет мировому сообществу наряду с возобновляемыми источниками энергии, соответствующей транспортной инфраструктурой и системами хранения, включая суперсеть, преобразование энергии в газ, а также и мощности гидроэлектростанций, благодаря которым в России развивается новая и — во всех смыслах — устойчивая экономика.

В-третьих, поскольку Россия экспортирует бо́льшую часть своих энергоносителей, жажда сверхдоходов от нефти и газа — коренная причина углеводородной культуры — может быть утолена только с помощью совместных международных практик, направленных на глобальный переход к декарбонизации. Прежде всего это новые практики, нормы и цели в ископаемой и невозобновляемой энергетике, которые требуют включения затрат, связанных с социальными и экологическими последствиями добычи, переработки и транспортировки углеводородов, в конечную цену топлива и энергии в целом. Поэтому Россия, Европейский союз, Китай, Индия и Соединенные Штаты должны договориться о строгом мониторинге социальных и экологических последствий добычи углеводородов, а также о смягчении ее негативных последствий. Эти договоренности могут принимать различные формы, например установление тарифов за выбросы углерода в атмосферу или сертификаты корпоративной ответственности, которые уже хорошо зарекомендовали себя в сельском хозяйстве и горнодобывающей промышленности. Только так можно снизить влияние прямых и косвенных субсидий на производство ископаемой и невозобновляемой энергии, что позволит компаниям, использующим возобновляемые источники энергии, конкурировать на внутреннем и международном рынках.

В дипломатических отношениях между Европейским союзом и Россией это вопрос как энергетической, так и всеобъемлющей безопасности, решение которого будет способствовать взаимовыгодной торговле энергоносителями, сотрудничеству и миру. Европейскому союзу необходим единый представительный орган, которым должен стать недавно созданный Энергетический союз, чтобы использовать весь потенциал европейского рынка — естественного рычага, который ЕС еще в должной степени не использует в своих отношениях с Россией (см. главу 4). Энергетический союз ЕС призван обеспечить соблюдение строгих норм экологической и социальной ответственности в отношении всех импортируемых и производимых внутри стран энергоресурсов. Эту задачу не следует понимать как антироссийский (или антинорвежский/ливийский/саудовский/нигерийский) маневр, как это хотелось бы представить путинскому окружению. Например, согласно Стратегии национальной безопасности России [Стратегия 2015] и опубликованному Министерством энергетики прогнозу научно-технологического развития в мировом энергетическом секторе [Министерство энергетики 2016], Соединенные Штаты и ЕС ведут против России войну нового типа. С этой точки зрения энергетическая инфраструктура рассматривается как политический инструмент и источник контроля. В прогнозе Министерства энергетики утверждается, что происходит «политизация ви́дения будущего», другими словами, растет спрос на стандарты и технологии для глобального управления состоянием окружающей среды. Кроме того, авторы прогноза выражают опасение, что эти стандарты приведут к геополитической напряженности, препятствующей инвестициям в Россию. В данном случае они неправильно понимают намерение: усилия, необходимые для развенчания углеводородной культуры, связаны не с прекращением инвестиций в Россию, а с перенаправлением их в секторы и компании, которые способствуют переходу к низкоуглеродному обществу. Это попытка построить симметричные и справедливые торговые отношения с Россией, которая может стать устойчиво развивающейся страной в случае реорганизации (торговых) отношений. Такого рода политика действительно могла бы побудить Россию выйти на передний край в осуществлении текущего энергетического перехода и взять управление этим процессом в свои руки, а не плестись в хвосте, оставаясь страной, неспособной определить свою собственную судьбу. Эта проблема, которая на самом деле серьезно затрагивает вопросы безопасности для России и ее соседей, признается в упомянутом прогнозе Министерства энергетики [Там же], и одним из вариантов ее решения может стать «энергетическая революция». Кроме того, в прогнозе говорится, что российские энергетические компании — а следовательно, и российское государство — могут оказаться в зоне риска, если они не откажутся от инвестиций в углеводороды и не реинвестируют средства в возобновляемые источники энергии. В утвержденной Указом Президента [Указ Президента РФ 2019] Доктрине энергетической безопасности Российской Федерации также признается необходимость развития «зеленой экономики» и смягчения последствий изменения климата. Риск заключается в том, что Россия может потерять рынки сбыта и бóльшую часть сырьевой ренты, поскольку из-за энергетического перехода упадут цены на нефть. Некоторые представители путинского режима понимают, что угроза безопасности страны связана с отставанием России в глобальной гонке декарбонизации. Однако в условиях нынешней углеводородной культуры они не в состоянии склонить чашу весов в пользу необходимых действий, когда задействованы различные формы геоправительности, определяемые нефтегазовой экономикой. Наглядным примером этого служит упомянутая выше Доктрина энергетической безопасности: «зеленая» экономика и смягчение последствий изменения климата поощряются до тех пор, пока не затронуты *национальные экономические интересы и интересы безопасности топливно-энергетических компаний*. Таким образом, чтобы реализовать вúдение жизнеспособной и устойчиво развивающейся России, необходимо предпринять описанные выше шаги.

ВИДЕНИЕ БУДУЩЕГО: ГЕОГРАФИИ ВОЗОБНОВЛЯЕМОЙ ЭНЕРГЕТИКИ — ПУТЬ К РЕГИОНАЛИЗАЦИИ И МОДЕРНИЗАЦИИ РОССИИ

Я хочу завершить эту книгу вúдением, которое может стать проектом жизнеспособной и устойчиво развивающейся России. Это вúдение проистекает из тех же географических реалий, что и критикуемая нами геоправительность углеводородной культуры путинской России. Более того, оно соответствует главенствующему представлению россиян о своей национальной идентичности и культуре. Как я уже говорил выше, будет нелегко запустить те пространственные и социальные процессы, которые превратят Россию в экономически сильное и уважаемое в мире государство.

Однако Россия и российский народ могут сделать свой выбор и прийти к процветанию. Для этого нужно осознать, что последствия изменения климата и экономика, которая благодаря этому изменению будет процветать, создают совершенно новую ситуацию, меняющую правила игры. Утверждая, что материальные сущности и пространственные особенности (ископаемой) энергетики создают зависимость от выбранного пути — исторической инерции ресурсоориентированного развития и авторитарного правления, — я тем не менее подчеркиваю, что Россия не является заложницей своей географии.

География и природные ресурсы, а также высокообразованное население — это, безусловно, главные активы России. Однако России необходимо использовать эти богатства не для быстрого получения экономических и политических дивидендов, как это происходит сегодня с нефтью и газом, а для обеспечения устойчивого развития страны. Россия может сыграть важную роль в трансформации своей энергетической системы и радикально сократить выбросы парниковых газов, одновременно помогая Европе и Китаю (как и другим странам) отказаться от использования ископаемого топлива и перейти к возобновляемым источникам энергии. У России есть все необходимое, чтобы реализовать этот переход и извлечь выгоды из превращения в «зеленого гиганта», или великую экологическую державу. Это новое позиционирование России прекрасно соответствует идентичности великой державы, которая, помимо ресурсного богатства, обладает огромными пространствами для размещения ветряных и солнечных электростанций, возможностью объединить регионы и государства Евразии электрической суперсетью, работающей на возобновляемых источниках энергии, и поставлять редкоземельные металлы для возобновляемой энергетики по всему миру. Многие россияне разделяют представление о России как великой державе и *империи*, и это одно из ее преимуществ, которое может быть использовано на общее благо россиян и человечества [Клюев 2002; Tynkkynen N. 2010]. Идея о великой державе, призванной играть особую роль в мире, всегда была в центре российской политической мысли [Kivinen 2002]. Это означает, что Россия может стать ключевым игроком в реализации перехода к климатической нейтральности. Поскольку риск изменения климата становится вполне реальным, Россия в силу своей природы может способствовать позитивным переменам, предложив новый вид лидерства в энергетической политике. В будущем Россия способна перейти к устойчивому развитию и стать сильным игроком на международной арене. Она может стать мощной империей, вызывающей уважение и восхищение со стороны других государств своей деятельностью на общее благо Земли и всего человечества. Российские власти заявляют о силе России, но сегодня эта сила основана на страхе, в полном соответствии с расхожим выражением: боятся — значит, уважают. В условиях происходящих глобальных изменений в окружающей среде и экономике у России есть все возможности стать одной из ведущих и уважаемых держав в новом мире, в котором решающую роль играет возобновляемая энергетика. Кто-то может возразить, что положение «зеленого гиганта» будет контрпродуктивным для достижения целей модернизации России: если рассматривать возобновляемые источники энергии как новое Эльдорадо, то это сведет на нет усилия по диверсификации российской экономики и преодолению экономической зависимости от энергетики. Однако географическое распределение возобновляемых источников энергии может способствовать регионализации экономики России, в результате чего предприятия смогут в полной мере реализовать потенциал, которым обладает та или иная конкретная местность. Благодаря многообразию пространственных и материальных, географических и инфраструктурных особенностей возобновляемой энергетики (см. главу 2) ее развитие может направить централизованно управляемую страну по пути децентрализации, регионализации и федерализации. В этом новом контексте вся территория России становится ценным активом, в отличие от точечных месторождений на периферии сибирской и арктической тундры, где сегодня добываются нефть и газ. Для этого, безусловно, потребуются новые правила, поскольку подлинный федерализм работает только при условии реального верховенства закона. Однако становление правового государства будет происходить по мере продвижения России по пути децентрализации и регионализации, которые необходимы для развития жизнеспособного и процветающего бизнеса на местном уровне, будь то малые, средние или крупные предприятия как в энергетическом секторе, так и в других отраслях экономики.

Как я уже отмечал во второй главе, геополитические последствия глобального перехода на возобновляемые источники энергии [Scholten 2019], несомненно, таят в себе риски для существующей углеводородной культуры России. Тем не менее последствия энергетического перехода создают отличные возможности для социально, политически и экономически устойчивого развития России. Этот неизбежный переход уже начался, но из-за того, что путинский режим на практике не желает этого признавать, Россия серьезно отстает от других стран в этом процессе. Такое отставание чрезвычайно опасно — по сути, это вопрос глобального мира и безопасности. Россия, неспособная трансформировать свою экономику и пересмотреть общественный договор, основанный на доминировании углеводородов, остается крайне непредсказуемым и опасным государством в мире, который отказывается от ископаемой энергетики. Поэтому несмотря на то, что сокращение рынков сбыта и прибыльности углеводородов в настоящее время представляется очень отдаленной перспективой, сейчас самое время перейти к масштабным изменениям. Если страна отстает в широкомасштабном внедрении возобновляемых источников энергии, наверстать упущенное будет чрезвычайно трудно. Как утверждает Шолтен [Ibid.], в ближайшем будущем возобновляемые источники энергии не будут иметь стратегического значения: возобновляемая энергетика, вероятно, снизит геополитическую напряженность, связанную с нефтью и газом, но, скорее всего, не станет угрозой ископаемой энергетике. Однако петрогосударствам, таким как Россия, не стоит обольщаться возможностью вести бизнес как обычно.

Переход к возобновляемым источникам энергии приведет к деполитизации энергетических рынков в среднесрочной перспективе, то есть примерно к 2050-м годам. Энергетические рынки и торговля энергоресурсами станут в большей степени регионализированными, но энергетическая система, основанная на возобновляемых источниках энергии, не признает границ (в принципе). Следовательно, уменьшится необходимость в глобальных потоках энергоносителей и сопутствующих им властных и зависящих от геополитики глобальных торговых отношениях, поскольку бо́льшая часть энергии будет производиться и потребляться на местном уровне. В то же время создание региональных энергетических систем приведет к усложнению отношений в сфере энергетики и изменит положение бывших стран — производителей и стран — потребителей энергоресурсов. Шолтен [Ibid.] утверждает, что к этому времени энергетические рынки станут региональными, отчасти благодаря созданию электрической суперсети. На этом этапе, вероятно, будет налажено массовое производство технологий возобновляемой энергетики, которые обеспечат экономию за счет масштаба. В такой ситуации Россия и другие нефтяные государства обнаружат, что их нефтегазовые инвестиции превращаются в уцененные активы. Если к тому времени Россия не сумеет освободиться от углеводородной культуры и обусловленного ею общественного договора, то она столкнется с серьезными социальными проблемами. Разумеется, ни россиянам, ни мировому сообществу не понравится такое будущее. Однако вполне возможно, что важную роль в развитии технологий возобновляемой энергетики будут играть редкие металлы, и в этом смысле Россия занимает чрезвычайно выгодное положение благодаря своим богатым запасам редкоземельных металлов (см. главу 2). Она может извлечь выгоду из этих ресурсов, но при этом лишь отчасти выиграет от энергетического перехода, оставаясь «экспортером сырья» с нестабильной и неустойчивой экономикой, если ее собственная энергетическая система не перейдет с централизации ископаемой энергетики на децентрализацию возобновляемой энергетики, что, безусловно, будет благом для региональных экономик России.

Россия, решившая стать великой экологической державой не только на словах, но и на деле, формируя новую культуру и государственное устройство, а также новое стратегическое ви́дение, задействуя все активы, которые могут предложить различные российские регионы, экономически процветающим и социально устойчивым государством, а также благодаря своим богатствам сможет содействовать становлению более устойчивого мира. В этом будущем мире важную роль будут играть возобновляемые источники энергии и инфраструктурные ресурсы. Например, Россия должна сыграть центральную роль в формировании евразийской суперсети, которая будет одновременно функционировать как транзитная и накопительная инфраструктура для торговли электроэнергией по всему евразийскому континенту. С точки зрения внутрироссийских последствий такая транснациональная инфраструктура позволила бы России, пошедшей по пути экономической и, как следствие, политической регионализации, рационально использовать весь свой потенциал, включая сельское хозяйство, высокотехнологичное производство и высокий уровень образования населения, если колоссальная структура и централизованный характер углеводородной культуры не будут препятствовать развитию бизнеса. На международной арене Россия укрепила бы свои позиции благодаря торговле электроэнергией из возобновляемых источников, и ее отношения с Европой и Китаем также развивались бы более сбалансированно. Основанная на возобновляемых источниках энергии суперсеть Евразии — от Рейкьявика и Лиссабона до Владивостока и Шанхая — сделает Россию и ее регионы важными акторами в производстве, транзите и хранении электроэнергии. Это может способствовать развитию торговых отношений, выгодных с экономической, социальной и экологической точек зрения, а также снижению общих угроз: глобальных климатических изменений и асимметричных зависимостей внутри страны и на международной арене.

Библиография

Газпром 2011 — «Факел надежды» юных патриотов. 31 октября 2011 г. URL: http://www.gazprom.ru/about/subsidiaries/news/2011/october/article121965/ (дата обращения: 20.09.2015).

Газпром 2012 — Газификация. URL: http://www.gazprom.ru/about/production/gasification/ (дата обращения: 25.11.2012).

Газпром 2013 — Гимн фестиваля «Факел» — песня «Факел надежды». 25 октября 2013 г. URL: https://www.youtube.com/watch?v=gg9Sqqo6L3g (дата обращения: 20.09.2015).

Газпром 2015a — Газпром — детям. URL: http://www.gazprom.ru/social/children/ (дата обращения: 25.06.2015).

Газпром 2015b — В ООО «Газпром Трансгаз Махачкала» провели сдачу норм комплекса ГТО. 5 мая 2015 г. URL: http://www.gazprom.ru/about/subsidiaries/news/2015/may/article225993/ (дата обращения: 25.05.2015).

Газпром 2015c — Поддержка спорта. URL: http://www.gazprom.ru/social/supporting-sports/ (дата обращения: 25.06.2015).

Гриб 2009 — Гриб Н. Газовый император. Россия и новый миропорядок. М.: Эксмо; Коммерсантъ, 2009.

Далматовский монастырь 2016 — Далматовский монастырь. Государственное устройство Российской империи. Центральные и местные органы власти. URL: http://dalmate.ru/muzej/item/309.html (дата обращения: 6.02.2019).

Кароль, Киселев 2013 — Кароль И., Киселев А. Парадоксы климата. Ледниковый период или обжигающий зной? М.: АСТ-Пресс Книга, 2013.

Клюев 2002 — Клюев Н. Россия на экологической карте мира // Известия Российской академии наук. Серия географическая. 2002. № 6. С. 5–16.

Левада-Центр 2014 — Левада-Центр. Участие России в Большой восьмерке. 11.04.2014. URL: https://www.levada.ru/2014/04/11/uchastie-rossii-v-bolshoj-vosmerke/ (дата обращения: 16.11.2016).

Лежнев 2014 — Лежнев С. Бесперспективные. Часть 1. Вымирание поселков в России. Блог Livejournal.com. 31 октября 2014 г. URL: https://lezhnev-sergey.livejournal.com/35069.html (дата обращения: 24.01.2016).

Министерство природных ресурсов 2017 — Министерство природных ресурсов РФ. Год Экологии в России 2017. URL: http://www.mnr.gov.ru/activity/year_of_ecology/ (дата обращения: 23.03.2017).

Министерство спорта 2015 — Министерство спорта Российской Федерации. Всероссийский физкультурно-спортивный комплекс «Готов к труду и обороне» (ГТО). URL: http://www.gto.ru/ (дата обращения: 25.06.2015).

Министерство энергетики 2003 — Министерство энергетики РФ. Энергетическая стратегия России до 2020 года. Утверждена Распоряжением Правительства Российской Федерации от 28 августа 2003 года № 1234-р. URL: http://www.energystrategy.ru/projects/es-2020.htm (дата обращения: 8.06.2019).

Министерство энергетики 2009 — Министерство энергетики РФ. Энергетическая стратегия России до 2030 года. Утверждена Распоряжением Правительства Российской Федерации от 13 ноября 2009 года № 1715-р. URL: https://minenergo.gov.ru/node/1026 (дата обращения: 25.04.2018).

Министерство энергетики 2016 — Министерство энергетики РФ. Прогноз научно-технического развития отраслей топливно-энергетического комплекса России на период до 2035 года. URL: https://minenergo.gov.ru/node/6365 (дата обращения: 25.04.2018).

Министерство энергетики 2017 — Министерство энергетики РФ. Энергетическая стратегия России до 2035 года. Утверждена Распоряжением Правительства Российской Федерации от 1 февраля 2017 года. URL: https://minenergo.gov.ru/node/1920 (дата обращения: 25.04.2018).

Новая газета 2019 — Новая газета. Специальный выпуск: Углеводородина. 2019. № 35 (2900). 1 апр.

Павленко 2011 — Павленко В. Мифы «устойчивого развития». «Глобальное потепление» или «ползучий» глобальный переворот? М.: ОГИ, 2011.

Петербургрегионгаз 2011 — «Газпром» рассмотрит возможность строительства двух газопроводов-отводов в Республике Карелия. 7 июня 2011 г. URL: http://www.peterburgregiongaz.ru/639 (дата обращения: 25.11.2012).

Правительство РК 2001 — Правительство Республики Карелия. Распоряжение от 22 октября 2001 года № 241р-П. URL: http://kodeks.karelia.ru/api/show/ 919308348 (дата обращения: 25.06.2015).

Правительство РФ 2009 — Об основных направлениях государственной политики в сфере повышения энергетической эффективности электроэнергетики на основе использования возобновляемых источников энергии на период до 2020 года. Утвержденные Распоряжением Правительства Российской Федерации № 1 от 8 января 2009 г.

Президент России 2009 — Утверждена климатическая доктрина Российской Федерации. URL: http://kremlin.ru/events/ president/ news/6365 (дата обращения: 29.03.2018).

Президент России 2017 — Совместная пресс-конференция с Президентом Финляндии Саули Ниинисто 27.07.2017. URL: http://kremlin.ru/ events/president/news/55175 (дата обращения: 29.06.2018).

Русский АД 2015 — Русский АД. Село Федоровка 200 км от Москвы. Twitter blog. URL: http://www.twitter.com/rushellphoto/status/555890897431179265 (дата обращения: 24.01.2016).

Столица на Онего 2012 — Газпром намерен вложить в газификацию Карелии 8 млрд рублей // Столица на Onego.ru. 30 августа 2012 г. URL: http://stolicaonego.ru/news/186652.html (дата обращения: 21.04.2016).

Стратегия 2015 — Стратегия национальной безопасности Российской Федерации. Утверждена Указом Президента Российской Федерации от 31 декабря 2015 г. № 683. URL: http://static.kremlin.ru/media/acts/files/0001 201512310038.pdf (дата обращения: 21.01.2016).

Указ Президента РФ 2019 — Указ Президента Российской Федерации от 13.05.2019 № 216 «Об утверждении Доктрины энергетической безопасности Российской Федерации». URL: http://publication.pravo.gov.ru/ document/view/0001201905140010?index=4&rangeSize=1 (дата обращения: 17.05.2019).

Федеральная служба государственной статистики 2015 — Федеральная служба государственной статистики. Товарная структура экспорта Российской Федерации. Россия в цифрах — 2015. URL: http://www.gks.ru/bgd/ regl/b15_12/IssWWW.exe/stg/d02/27-08.htm (дата обращения: 17.10.2016).

Aalto 2016 — Aalto P. Modernisation of the Russian Energy Sector: Constraints on Utilising Arctic Offshore Oil Resources // Europe-Asia Studies. 2016. Vol. 68. № 1. P. 38–63.

Aalto, Forsberg 2016 — Aalto P., Forsberg T. The Structuration of Russia's Geo-Economy under Economic Sanctions // Asia-Europe Journal. 2016. Vol. 14. № 2. P. 221–237.

Aalto et al. 2017 — Aalto P., Nyyssönen H., Kojo M., Pal P. Russian Nuclear Energy Diplomacy in Finland and Hungary // Eurasian Geography and Economics. 2017. Vol. 58. № 4. P. 386–417.

Afionis, Stringer 2012 — Afionis S., Stringer L. European Union Leadership in Biofuels Regulation: Europe as a Normative Power? // Journal of Cleaner Production. 2012. Vol. 32. P. 114–123.

Aguilar et al. 2011 — Aguilar F., Gaston C., Hartkamp R., Mabee W., Skog K. Wood Energy Markets, 2010–2011. UNECE/FAO Forest Products Annual Market Review 2010–2011 // Geneva Timber and Forest Study Paper. 2011. № 27. P. 85–97.

Baev 2008 — Baev P. Russian Energy Policy and Military Power: Putin's Quest for Greatness. Abingdon: Routledge, 2008.

Baev 2018 — Baev P. Examining the Execution of Russian Military-Security Policies and Programs in the Arctic // Russia's Far North: The Contested Energy Frontier / ed. by V.-P. Tynkkynen, S. Tabata, D. Gritsenko, M. Goto. Abingdon and New York: Routledge. P. 113–125.

Bailis, Baka 2011 — Bailis R., Baka J. Constructing Sustainable Biofuels: Governance of the Emerging Biofuel Economy // Annals of the Association of American Geographers. 2011. Vol. 101. № 4. P. 827–838.

Bakker, Bridge 2006 — Bakker K., Bridge G. Material Worlds? Resource Geographies and the "Matter of Nature" // Progress in Human Geography. 2006. Vol. 30. № 1. P. 5–27.

Balmaceda 2013 — Balmaceda M. The Politics of Energy Dependency: Ukraine, Belarus, and Lithuania Between Domestic Oligarchs and Russian Pressure. Toronto, Buffalo and London: University of Toronto Press, 2013.

Bassin 2006 — Bassin M. Geographies of Imperial Identity // The Cambridge History of Russia. Vol. II: Imperial Russia, 1689–1917 / ed. by D. Lieven. New York: Cambridge University Press, 2006. P. 45–64.

Belyaeva, Bokusheva 2017 — Belyaeva M., Bokusheva R. Will Climate Change Benefit or Hurt Russian Grain Production? A Statistical Evidence from a Panel Approach // Discussion Paper, Leibniz Institute of Agricultural Development in Transition Economies. 2017. Vol. 161. P. 1–25.

Berger 2013 — Berger J. Climate Myths: The Campaign against Climate Science. Berkeley: Northbrae Books, 2013.

Blom et al. 1996 — Blom R., Melin H., Nikula J. Between Plan and Market: Social Change in the Baltic States and Russia, Berlin: Walter de Gruyter, 1996.

Bogdanov, Breyer 2015 — Bogdanov D. Breyer C. Eurasian Super Grid for 100 % Renewable Energy Power Supply: Generation and Storage Technologies in the Cost Optimal Mix. Conference paper presented at ISES Solar World Congress, Daegu, 2015.

Boute 2011 — Boute A. A Comparative Analysis of the European and Russian Support Schemes for Renewable Energy: Return on EU Experience for Russia // The Journal of World Energy Law & Business. 2011. Vol. 4. № 2. P. 1–24.

Boute 2012 — Boute A. Promoting Renewable Energy through Capacity Markets: An Analysis of the Russian Support Scheme // Energy Policy. 2012. Vol. 46. № 1. P. 68–77.

Bouzarovski, Bassin 2011 — Bouzarovski S., Bassin M. Energy and Identity: Imagining Russia as a Hydrocarbon Superpower // Annals of the Association of American Geographers. 2011. Vol. 101. № 4. P. 783–794.

Boyer 2014 — Boyer D. Energopower: An Introduction // Anthropological Quarterly. 2014. Vol. 86. № 1. P. 309–333.

Bradshaw 2014 — Bradshaw M. The Progress and Potential of Oil and Gas Exports from Pacific Russia // Russian Energy and Security up to 2030 / ed. by S. Oxenstierna, V.-P. Tynkkynen. London: Routledge, 2014. P. 211–262.

Bridge 2009 — Bridge G. Material Worlds: Natural Resources, Resource Geography and the Material Economy // Geography Compass. 2009. Vol. 41. P. 523–530.

Bridge 2010 — Bridge G. Geographies of Peak Oil: The Other Carbon Problem // Geoforum. 2010. Vol. 41. № 4. P. 523–530.

Bridge 2011 — Bridge G. Past Peak-Oil: Political Economy of Energy Crises // Global Political Ecology / ed. by R. Peet, P. Robbins and M. Watts. Abingdon: Routledge, 2011. P. 307–324.

Burke et al. 2015 — Burke M., Hsiang S. M., Miguel E. Global Non-Linear Effect of Temperature on Economic Production // Nature. 2015. № 527. P. 235–239.

Campbell 2003 — Campbell S. Green Cities, Growing Cities, Just Cities? Urban Planning and the Contradictions of Sustainable Development // Readings in Planning Theory / ed. by S. Campbell, S. Fainstein. Oxford: Blackwell, 2003. P. 435–458.

Castells 1999 — Castells M. Grassrooting the Space of Flows // Urban Geography. 1999. Vol. 20. № 4. P. 294–302.

Chernenko 2012 — Chernenko E. F. Power Component of Russian Policy in the Mirror of Geoeconomics // Vestnik RUDN, International Relations. 2012. № 4. P. 57–69.

Climate Action Tracker 2018 — Climate Action Tracker. Russian Federation. URL: https://climateactiontracker.org/countries/russian-federation (дата обращения: 6.02.2019).

Closson 2014 — Closson S. Subsidies in Russia's Gas Trade // Russian Energy and Security up to 2030 / ed. by S. Oxenstierna, V.-P. Tynkkynen. London: Routledge, 2014. P. 61–76.

Coleman, Agnew 2007 — Coleman M., Agnew J. The Problem with Empire // Space, Knowledge and Power: Foucault and Geography / ed. by J. Crampton, S. Elden. Aldershot: Ashgate, 2007. P. 317–339.

Collier 2011 — Collier S. Post-Soviet Social: Neoliberalism, Social Modernity, Biopolitics. Princeton: Princeton University Press, 2011.

Crampton, Elden 2007 — Space, Knowledge and Power: Foucault and Geography / ed. by J. Crampton, S. Elden. Aldershot: Ashgate, 2007.

Cullen, Reichborn-Kjennerud 2017 — Cullen P., Reichborn-Kjennerud E. Understanding Hybrid Warfare. MCDC Countering Hybrid War Project, Norwegian Institute of International Affairs, 2017.

Dean 1999 — Dean M. Governmentality: Power and Rule in Modern Society. London: Sage, 1999.

Demeritt 2006 — Demeritt D. Science Studies, Climate Change and the Prospects for Constructivist Critique // Economy and Society. 2006. Vol. 35. № 3. P. 453–479.

Dobrev 2016 — Dobrev B. Rosatom & Russia's Nuclear Diplomacy // Geopolitical Monitor, Situation report, 17 May 2016. URL: https://www.geopoliticalmonitor.com/rosatom-russias-nuclear-diplomacy/ (дата обращения: 6.02.2019).

Dryzek 1997 — Dryzek J. The Politics of the Earth: Environmental Discourses. Oxford: Oxford University Press, 1997.

Dunlap, McCright 2011 — Dunlap R., McCright A. Organized Climate Change Denial // The Oxford Handbook of Climate Change and Society / ed. by J. Dryzek, R. Norgaard, D. Schlosberg. Oxford: Oxford University Press, 2011. P. 144–160.

Edelman 1993 — Edelman R. Serious Fun: A History of Spectator Sports in the USSR. New York: Oxford University Press, 1997.

Eduskunta 2014 — Eduskunta. Finnish Parliament session, 14 October 2014. URL: https://www.eduskunta.fi/FI/vaski/Documents/ptk_97+2014_vp.pdf (дата обращения: 17.01.2017).

Elvidge et al. 2018 — Elvidge C., Bazilian M., Zhizhin M., Ghosh T., Baugh K., Hsu F.-C. The Potential Role of Natural Gas Flaring in Meeting Greenhouse Gas Mitigation Targets // Energy Strategy Reviews. 2018. Vol. 20. № 4. P. 156–162.

Etkind 2011 — Etkind A. Internal Colonialization: Russia's Imperial Experience. Cambridge: Polity Press, 2011.

European Commission 2011a — European Commission Energy Roadmap 2050. 15.12.2011. URL: http://ec.europa.eu/energy/energy2020/roadmap/doc/com_2011_8852_en.pdf (дата обращения: 2.05.2012).

European Commission 2011b — European Commission Roadmap of the EU–Russia Energy Cooperation until 2050. URL: http://ec.europa.eu/energy/international/russia/doc/20110729_eu_russia_roadmap_2050_report.pdf (дата обращения: 2.05.2012).

European Commission 2012 — European Commission. Antitrust: Commission Opens Proceedings against Gazprom, Press release IP/12/937. Brussel, 4 September 2012. URL: http://europa.eu/rapid/pressReleasesAction.do?reference=IP/12/937 (дата обращения: 15.09.2012).

Ferguson, Mansbach 1996 — Ferguson Y., Mansbach R. Polities: Authority, Identities, and Change. Columbia: University of South Carolina Press, 1996.

Font de Mora et al. 2012 — Font de Mora, E., Torres C., Valero A. Assessment of Biodiesel Energy Sustainability Using the Energy Return on Investment Concept // Energy. 2012. Vol. 45. № 1. P. 474–480.

Fortum 2015 — Fortum to Participate in the Fennovoima Project with 6.6 per cent Share — TGC-1 Restructuring Negotiations in Russia Still Not Concluded. Fortum.com, 5 August 2015. URL: http://www.fortum.com/en/mediaroom/ (дата обращения: 15.09.2015).

Fortum 2018 — Wind and Solar in Russia. Fortum.com. URL: https://www.fortum.com/about-us/media/press-kits/wind-and-solar-russia (дата обращения: 11.07.2018).

Foucault 1980 — Foucault M. The Confession of the Flesh (interview) // Power/Knowledge: Selected Interviews and Other Writings 1972–1977 / ed. by C. Gordon. New York: Pantheon Books, 1980. P. 194–228.

Foucault 1991 — Foucault M. Governmentality // The Foucault Effect: Studies in Governmentality / ed. by G. Burchell, C. Gordon and P. Miller. Chicago: University of Chicago Press, 1991. P. 87–104.

Foucault 2008 — Foucault M. The Birth of Biopolitics: Lectures at the Collège de France 1978–1979. New York: Picador, 2008.

Fryer 2000 — Fryer P. Heaven, Hell, or...Something in Between? Contrasting Russian Images of Siberia // Beyond the Limits: The Concept of Space in Russian History and Culture / ed. by J. Smith. Helsinki: Finnish Literature Society, 2000. P. 95–106.

Galeotti 2017 — Galeotti M. Controlling Chaos: How Russia Manages Its Political War in Europe // Policy Brief, European Council on Foreign Relations. 1 September 2017. URL: http://www.ecfr.eu/publications/summary/controlling_chaos_how_russia_manages_its_political_war_in_europe (дата обращения: 7.09.2017).

Gazprom 2015a — Gazprom. Charitable actions. URL: http://www.gazprom.com/social/ (дата обращения: 23.01.2015).

Gazprom 2015b — Companies with Gazprom's participation and other affiliated entities. URL: http://www.gazprom.com/about/subsidiaries/list-items/ (дата обращения: 23.01.2015).

Gazprom 2015c — Gazprom in Questions and Answers. URL: http://www.gazpromquestions.ru/fileadmin/f/2014/download/view_version_eng_9.07.2014.pdf (дата обращения: 23.01.2015).

Gazprom International 2012 — The Power Within. 28.01.2012. URL: www.youtube.com/watch?v=N0Ihdk2UAWU (дата обращения: 24.01.2016).

Gel'man 2015 — Gel'man V. Authoritarian Russia: Analyzing Post-Soviet Regime Changes. Pittsburgh, PA: University of Pittsburgh Press, 2015.

Gel'man 2016 — Gel'man V. The Politics of Fear: How Russian Rulers Counter their Rivals // Russian Politics. 2016. Vol. 1. № 1. P. 27–45.

Gel'man, Appel 2015 — Gel'man V., Appel H. Revisiting Russia's Economic Model: The Shift from Development to Geopolitics. Washington: George Washington University, 2015. (PONARS Policy Memo Series. № 397).

Gessen 2017 — Gessen M. The Future is History: How Totalitarianism Reclaimed Russia. New York: Riverhead Books, 2017.

Goeminne 2012 — Goeminne G. Lost in Translation: Climate Denial and the Return of the Political // Global Environmental Politics. 2012. Vol. 12. № 2. P. 1–8.

Goldman 2008 — Goldman M. Petrostate: Putin, Power and the New Russia. Oxford: Oxford University Press, 2008.

Goldthau, Sitter 2015 — Goldthau A., Sitter N. A Liberal Actor in a Realist World: The European Union Regulatory State and the Global Political Economy of Energy. Oxford: Oxford University Press, 2015.

Graybill 2019 — Graybill J. K. Emotional Environments of Energy Extraction in Russia // Annals of the American Association of Geographers. 2019. Vol. 109. № 2. P. 382–394.

Greenpeace 2016 — Russian Oil Disaster. URL: http://www.greenpeace.org/international/en/campaigns/climate-change/ arctic-impacts/The-dangers-of-Arctic-oil/Black-ice–Russian-oil-spill-disaster/ (дата обращения: 24.01.2016).

Gritsenko 2018 — Gritsenko D. Energy Development in the Arctic: Resource Colonialism Revisited // Handbook of International Political Economy of Energy and Natural Resources / ed. by A. Goldthau, M. Keating, C. Kuzemko. Cheltenham, UK and Northampton, MA, USA: Edward Elgar Publishing, 2018. P. 172–183.

Gritsenko, Tynkkynen 2018 — Gritsenko D., Tynkkynen V.-P. Telling Domestic and International Policy Stories: The Case of Russian Arctic Policy //

Russia's Far North: The Contested Energy Frontier / ed. by V.-P. Tynkkynen, S. Tabata, D. Gritsenko, M. Goto. Abingdon and New York: Routledge, 2018. P. 191–205.

Gsänger, Denisov 2017 — Gsänger S., Denisov R. Perspectives of the Wind Energy Market in Russia // Friedrich Ebert Stiftung and World Wind Energy Association. March, 2017.

Guest et al. 2012 — Guest G., MacQueen K. M., Namey E. Applied Thematic Analysis. Los Angeles: Sage, 2012.

Gustafson 2012 — Gustafson T. Wheel of Fortune: The Battle for Oil and Power in Russia. Cambridge, MA: Harvard University Press, 2012.

Haluza et al. 2012 — Haluza D., Kaiser A., Moshammer H., Flandorfer C., Kundi K., Neuberger M. Estimated Health Impact of a Shift from Light Fuel to Residential Wood-Burning in Upper Austria // Journal of Exposure Science and Environmental Epidemiology. 2012. № 22. P. 339–343.

Heininen 2018 — Heininen L. The Twofold Development of the Arctic: Where Do the Arctic States Stand? // Russia's Far North: The Contested Energy Frontier / ed. by V.-P. Tynkkynen, S. Tabata, D. Gritsenko, M. Goto. Abingdon and New York: Routledge, 2018. P. 84–95.

Helsingin Sanomat 2014 — Venäläinen ydinvoimala — erittäin hyvä idea, sanoivat miehet A-studiossa. 18.09.2014. URL: https://www.hs.fi/nyt/art-2000002762376.html (дата обращения: 15.09.2015).

Henry, MacIntosh Sundstrom 2007 — Henry L. MacIntosh Sundstrom L. Russia and the Kyoto Protocol: Seeking an Alignment of Interests and Image // Global Environmental Politics. 2007. Vol. 7. № 4. P. 47–69.

Henry, MacIntosh Sundstrom 2012 — Henry L., MacIntosh Sundstrom L. Russia's Climate Policy: International Bargaining and Domestic Modernisation // Europe-Asia Studies. 2012. Vol. 64. № 7. P. 1297–1322.

Henry et al. 2016 — Henry L., Nysten-Haarala S., Tulaeva S., Tysiachniouk M. Corporate Social Responsibility and the Oil Industry in the Russian Arctic: Global Norms and Neo-Paternalism // Europe-Asia Studies. 2016. Vol. 68. № 8. P. 1340–1368.

Hese, Schmullius 2009 — Hese S., Schmullius C. High Spatial Resolution Image Object Classification for Terrestrial Oil Spill Contamination Mapping in West Siberia // International Journal of Applied Earth Observation and Geoinformation. 2009. Vol. 11. P. 130–141.

Hjort et al. 2018 — Hjort J., Karjalainen O., Aalto J., Westermann S., Romanovsky V., Nelson F., Etzelmüller B., Luoto M. Degrading Permafrost Puts Arctic Infrastructure at Risk by Mid-Century // Nature Communications. 2018. Vol. 9. P. 5147–5156.

Högselius 2013 — Högselius P. Red Gas: Russia and the Origins of European Energy Dependence. New York: Palgrave Macmillan, 2013.

Hulbak Røland 2010 — Hulbak Røland T. Associated Petroleum Gas in Russia: Reasons for Non-Utilization. Fridtjof Nansen Institute Report 13/2010. Lysaker: Fridtjof Nansen Institute, 2010.

Hulme 2009 — Hulme M. Why We Disagree about Climate Change: Understanding Controversy, Inaction, and Opportunity. Cambridge: Cambridge University Press, 2009.

Hutchings, Tolz 2012 — Hutchings S., Tolz V. Fault Lines in Russia's Discourse of Nation: Television Coverage of the December 2010 Moscow Riots // Slavic Review. 2012. Vol. 71. № 4. P. 873–899.

Huxley 2007 — Huxley M. Geographies of Governmentality // Space, Knowledge and Power: Foucault and Geography / ed. by J. W. Crampton, S. Elden. London: Routledge, 2007. P. 185–204.

IEA 2018a — International Energy Agency. Global Energy & CO2 Status Report. URL: https://www.iea.org/geco/emissions (дата обращения: 25.03.2019).

IEA 2018b — International Energy Agency. World Energy Balances 2018. URL: https://www.oecd-ilibrary.org/docserver/world_energy_bal-2018-en.pdf?expires=1543574142&id=id&accname=ocid194948&checksum=109CED77D3909776200230304BD18B61 (дата обращения: 30.11.2018).

IRENA 2017 — IRENA. REmap 2030: Renewable Energy Prospects for the Russian Federation. Working paper. April 2017. URL: http://www.irena.org/documentdown-loads/publications/IRENA_ REmap_Russia_paper_2017.pdf (дата обращения: 30.11.2018).

Jacques 2012 — Jacques P. General Theory of Climate Denial // Global Environmental Politics. 2012. Vol. 12. № 2. P. 9–17.

Jacques et al. 2008 — Jacques P., Dunlap R., Freeman M. The Organization of Denial: Conservative Think Tanks and Environmental Skepticism // Environmental Politics. 2008. Vol. 17. № 3. P. 349–385.

Jokisipilä 2011 — Jokisipilä M. World Champions Bred by National Champions: The Role of State-Owned Corporate Giants in Russian Sports // Russian Analytical Digest. 2011. № 95. P. 8–11.

Josephson 2019 — Josephson P. Russia's Nuclear Renaissance: Atomic Energy in the Putin Era. Guest lecture at the Aleksanteri Institute, University of Helsinki, 21 February 2019.

Judge et al. 2016 — Judge A., Maltby T., Sharples J. D. Challenging Reductionism in Analyses of EU–Russia Energy Relations // Geopolitics. 2016. Vol. 21. № 4. P. 751–762.

Kalinin 2014 — Kalinin I. Carbon and Cultural Heritage: The Politics of History and the Economy of Rent // Baltic Worlds. 2014. Vol. 3. P. 65–74.

Kay 2018a — Kay A. 8 Top Countries for Rare Earths Production. URL: https://investingnews.com/daily/resource-investing/critical-metals-investing/rare-earth-investing/rare-earth-producing-countries (дата обращения: 7.02.2019).

Kay 2018b — Kay A. Top Rare Earth Mining Reserves by Country. URL: https://investingnews.com/daily/resource-investing/critical-metals-investing/rare-earth-investing/rare-earth-reserves-country (дата обращения: 7.02.2019).

Kharkhordin 1999 — Kharkhordin O. The Collective and the Individual in Russia: A Study of Practices. Berkeley: University of California Press, 1999.

Kivinen 2002 — Kivinen M. Progress and Chaos: Russia as a Challenge for Sociological Imagination. Helsinki: Kikimora Publications, 2002.

Kivinen 2012 — Kivinen M. Public and Business Actors in Russia's Energy Policy // Russia's Energy Policies: National, Interregional and Global Levels / ed. by P. Aalto. Cheltenham, UK and Northampton, MA, USA: Edward Elgar Publishing, 2012. P. 45–62.

Koch 2013 — Koch N. Sport and Soft Authoritarian Nation-Building // Political Geography. 2013. Vol. 32. P. 42–51.

Koch, Tynkkynen 2019 — Koch N., Tynkkynen V.-P. The Geopolitics of Renewables in Kazakhstan and Russia // Geopolitics. Published online 4 March 2019.

Kokorin, Korppoo 2013 — Kokorin A., Korppoo A. Russia's Post-Kyoto Climate Policy: Real Action or Merely Window-Dressing // FNI Climate Policy Perspectives 10. Oslo: Fridtjof Nansen Institute, 2013.

Kolk, Levy 2001 — Kolk A., Levy D. Wind of Change: Corporate Strategy, Climate Change and Multinationals // European Management Journal. 2001. Vol. 19. № 5. P. 501–509.

Kopsakangas-Savolainen, Svento 2012 — Kopsakangas-Savolainen M. Svento R. Modern Energy Markets: Real-Time Pricing, Renewable Resources and Efficient Distribution. London: Springer, 2012.

Kornai 1980 — Kornai J. Economics of Shortage, Amsterdam: Elsevier Science, 1980.

Korppoo et al. 2015 — Korppoo A., Tynkkynen N., Hønneland G. Russia and the Politics of International Environmental Regimes: Environmental Encounters or Foreign Policy? Cheltenham, UK and Northampton, MA, USA: Edward Elgar Publishing, 2015.

Kozlova 2015 — Kozlova M. Analyzing the Effects of the New Renewable Energy Policy in Russia on Investments into Wind, Solar and Small Hydro Power. Master's Thesis. Lappeenranta University of Technology, 2015.

Kurdin 2016 — Kurdin A. Russian Oil and Gas: Trends and Phenomena to Watch. Seminar presentation at a seminar Russian Oil & Gas: Challenges and Future Developments organised by the Embassy of Finland in Moscow, 27 October 2016.

La Porta et al. 2008 — La Porta N., Capretti P., Thomsen I., Kasanen R., Hietala A., Von Weissenberg K. Forest Pathogens with Higher Damage Potential Due to Climate Change in Europe // Canadian Journal of Plant Pathology. 2008. Vol. 30. P. 177–195.

Lahsen 2008 — Lahsen M. Experiences of Modernity in the Greenhouse: A Cultural Analysis of a Physicist "Trio" Supporting the Backlash Against Global Warming // Global Environmental Change. 2008. Vol. 18. № 1. P. 204–219.

Laruelle 2012 — Laruelle M. Larger, Higher, Farther North ... Geographical Metanarratives of the Nation in Russia // Eurasian Geography and Economics. 2012. Vol. 53. № 5. P. 557–574.

Laruelle 2014a — Laruelle M. Introduction // Russian Nationalism, Foreign Policy, and Identity Debates in Putin's Russia: New Ideological Patterns after the Orange Revolution / ed. by M. Laruelle. Stuttgart: Ibidem Press, 2014. P. 7–9.

Laruelle 2014b — Laruelle M. Russia's Arctic Strategies and the Future of the Far North. Armonk: M. E. Sharpe, 2014.

Lee 2011 — Lee M. Nostalgia as a Feature of "Glocalization": Use of the Past in Post-Soviet Russia // Post-Soviet Affairs. 2011. Vol. 27. № 2. P. 158–177.

Legg 2005 — Legg S. Foucault's Population Geographies: Classifications, Biopolitics and Governmental Spaces // Population, Space and Place. 2005. Vol. 11. № 3. P. 137–156.

Leppänen et al. 2017 — Leppänen S., Solanko L., Kosonen R. The Impact of Climate Change on Regional Government Expenditures: Evidence from Russia // Environmental & Resource Economics. 2017. Vol. 67. № 1. P. 67–92.

Likhacheva et al. 2015 — Likhacheva A. B., Makarov I. A., Makarova E. A. Post-Soviet Russian Identity and its Influence on European–Russian Relations // European Journal of Futures Research. 2015. Vol. 3. № 1. P. 1–8.

Lo 2015 — Lo B. Russia and the New World Disorder. London and New York: Chatham House/Brookings Institution Press, 2015.

LUT 2015 — Lappeenranta University of Technology. Russia Can Become One of the Most Energy-Competitive Areas Based on Renewables. URL: https://www.lut.fi/web/en/news/-/asset_publisher/lGh4SAywhcPu/content/russia-can-become-one-of-the-most-energy-competitive-areas-based-on-renewables (дата обращения: 24.04.2019).

Makarov, Sokolova 2017 — Makarov I. A., Sokolova A. K. Carbon Emissions Embodied in Russia's Trade: Implications for Climate Policy // Review of European and Russian Affairs. 2017. Vol. 11. № 2. P. 11–20.

Makarychev 2013 — Makarychev A. Inside Russia's Foreign Policy Theorizing: A Conceptual Conundrum // Debatte: Journal of Contemporary Central and Eastern Europe. 2013. Vol. 21. № 2–3. P. 237–258.

Makeenko 2013 — Makeenko M. Subsidies between Industry Support and State Control // State Aid for Newspapers: Theories, Cases, Actions / ed. by P. C. Murzhetz. Berlin: Springer, 2013.

Mankoff 2009 — Mankoff J. Russian Foreign Policy: The Return of Great Power Politics. Lanham, MD: Rowman & Littlefield, 2009.

Matza 2009 — Matza T. Moscow's Echo: Technologies of the Self, Publics, and Politics on the Russian Talk Show // Cultural Anthropology. 2009. Vol. 24. № 3. P. 489–522.

McCright, Dunlap 2003 — McCright A., Dunlap R. Defeating Kyoto: The Conservative Movement's Impact on US Climate Change Policy // Social Problems. 2003. Vol. 50. № 3. P. 348–373.

Medvedev 2018 — Medvedev S. Simulating Sovereignty: The Role of the Arctic in Constructing Russian Post-Imperial Identity // Russia's Far North: The Contested Energy Frontier / ed. by V.-P. Tynkkynen, S. Tabata, D. Gritsenko, M. Goto. Abingdon and New York: Routledge, 2018. P. 206–215.

Mills 1997 — Mills S. Discourse: The New Critical Idiom. London: Routledge, 1997.

Ministry for Foreign Affairs in Finland 2016 — Statement, Ministry for Foreign Affairs of Finland. 21.06.2016. URL: http://tem.fi/documents/1410 877/2616019/Ulkoministeri%C3%B6n+lausunto.pdf (дата обращения: 19.09.2017).

Mitchell 2011 — Mitchell T. Carbon Democracy: Political Power in the Age of Oil. London: Verso, 2011.

Moss et al. 2016 — Moss T., Becker S., Gailing L. Energy Transitions and Materiality: Between Dispositives, Assemblages and Metabolisms // Conceptualizing Germany's Energy Transition: Institutions, Materiality, Power, Space / ed. by L. Gailing, T. Moss. London: Palgrave Macmillan, 2016. P. 43–68.

Müller 2011 — Müller M. State Dirigisme in Megaprojects: Governing the 2014 Winter Olympics in Sochi // Environment and Planning A. 2011. Vol. 43. № 9. P. 2091–2108.

National Academies of Sciences, Engineering, Medicine 2005 — Joint Science Academies Statement: Global Response to Climate Change. URL: http://nationalacademies.org/onpi/06072005.pdf (дата обращения: 18.11.2016).

Nerlich 2010 — Nerlich B. "Climategate": Paradoxical Metaphors and Political Paralysis // Environmental Values. 2010. Vol. 19. № 4. P. 419–442.

Nikkanen 2015 — Nikkanen H. Fennomania. Long Play, LP33. 14.10.2015. URL: https://longplay.fi/fi/single/fennomania (дата обращения: 18.11.2016).

Norgaard 2011 — Norgaard K. M. Climate Denial: Emotion, Psychology, Culture, and Political Economy // The Oxford Handbook of Climate Change and Society / ed. by J. Dryzek, R. Norgaard, D. Schosberg. Oxford: Oxford University Press, 2011. P. 399–413.

Norris 2012 — Norris S. M. Blockbuster History in the New Russia: Movies, Memory, and Patriotism. Bloomington: Indiana University Press, 2012.

Oldfield, Shaw 2002 — Oldfield J., Shaw D. Revisiting Sustainable Development: Russian Cultural and Scientific Traditions and the Concept of Sustainable Development // Area. 2002. Vol. 34. № 4. P. 391–400.

Oldfield, Shaw 2006 — Oldfield J., Shaw D. Russian Concepts of Sustainable Development: V. I. Vernadsky and the Noosphere Concept // Geoforum. 2006. Vol. 37. № 1. P. 145–154.

Överland et al. 2010 — Överland I., Kjaernet H., Kendall-Taylor A. Introduction: The Resource Curse and Authoritarianism in the Caspian Petro-States // Caspian Energy Politics: Azerbaijan, Kazakhstan and Turkmenistan / ed. by I. Överland, H. Kjaernet and A. Kendall-Taylor. London: Routledge, 2010. P. 1–12.

Oxenstierna 2014 — Oxenstierna S. Nuclear Power in Russia's Energy Policies // Russian Energy and Security up to 2030 / ed. by S. Oxenstierna, V.-P. Tynkkynen. London: Routledge, 2014. P. 150–168.

Oxenstierna, Tynkkynen 2014 — Russian Energy and Security up to 2030 / ed. by S. Oxenstierna, V.-P. Tynkkynen. London: Routledge, 2014.

Pajunen 2014 — Pajunen T. Sinuhe Wallinheimo (kok): Venäjä käyttää jääkiek- koa poliittisen kilpensä kiillottamiseen // Politiikkaradio, 1 October 2014. URL: https://areena.yle.fi/1-2386087 (дата обращения: 6.05.2016).

Palosaari, Tynkkynen N. 2015 — Palosaari T., Tynkkynen N. Arctic Securitization and Climate Change // Handbook of the Politics of the Arctic / ed. by L. C. Jensen, G. Hønneland. Cheltenham, UK and Northampton, MA, USA: Edward Elgar Publishing, 2015. P. 165–201.

Peppard, Riordan 1993 — Peppard V., Riordan J. Playing Politics: Soviet Sport Diplomacy to 1992. Stamford: JAI Press (Elsevier), 1993.

Perovic 2009 — Perovic J. Introduction: Russian Energy Power, Domestic and International Dimensions // Russian Energy Power and Foreign Relations: Implications for Conflict and Cooperation / ed. by J. Perovic, R. Orttung, A. Wenger. Abingdon: Routledge, 2009. P. 1–20.

Persson, Petersson 2014 — Persson E., Petersson B. Political Mythmaking and the 2014 Winter Olympics in Sochi: Olympism and the Russian Great Power Myth // East European Politics. 2014. Vol. 30. № 2. P. 192–209.

Poberezhskaya 2015 — Poberezhskaya M. Media Coverage of Climate Change in Russia: Governmental Bias and Climate Science // Public Understanding of Science. 2015. Vol. 24. № 1. P. 96–111.

Poberezhskaya, Ashe 2018 — Poberezhskaya M., Ashe T. Climate Change Discourse in Russia: Past and Present. New York: Routledge, 2018.

Pomerantsev 2014 — Pomerantsev P. Nothing Is True and Everything Is Possible: The Surreal Heart of the New Russia. New York: Public Affairs, 2014.

Pristupa, Mol 2015 — Pristupa A., Mol A. Renewable Energy in Russia: The Take Off in Solid Bioenergy? // Renewable and Sustainable Energy Reviews. 2015. № 50. P. 315–324.

Prozorov 2014 — Prozorov S. Foucault and Soviet Biopolitics // History of the Human Sciences. 2014. Vol. 27. № 5. P. 6–25.

Revich et al. 2012 — Revich B., Tokarevich N., Parkinson A. Climate Change and Zoonotic Infections in the Russian Arctic // International Journal of Circumpolar Health. 2012. Vol. 71. № 1. P. 1–8.

Riley 2012 — Riley A. Commission v. Gazprom: The Antitrust Clash of the Decade? // CEPS Policy Brief. № 285, 31 October 2012. URL: http://www.xeps.eu (дата обращения: 2.11.2012).

Rivera Vicencio 2014 — Rivera Vicencio E. The Firm and Corporative Governmentality: From the Perspective of Foucault // International Journal of Economics and Accounting. 2014. Vol. 5. № 4. P. 281–305.

Rogers 2012 — Rogers D. The Materiality of the Corporation: Oil, Gas, and Corporate Social Technologies in the Remaking of a Russian Region // American Ethnologist. 2012. Vol. 39. № 2. P. 284–296.

Rogers 2014 — Rogers D. Energopolitical Russia: Corporation, State, and the Rise of Social and Cultural Projects // Anthropological Quarterly. 2014. Vol. 87. № 2. P. 431–451.

Rogers 2015 — Rogers D. The Depths of Russia: Oil, Power, and Culture after Socialism, Ithaca: Cornell University Press, 2015.

Rooker 2014 — Rooker T. Corporate Governance or Governance by Corporates? Testing Governmentality in the Context of China's National Oil and Petrochemical Business groups // Asia Pacific Business Review. 2014. Vol. 21. № 1. P. 60–76.

Rosatom 2017 — Rosatom. About Us. URL: http://www.rosatom.ru/en/about-us/ (дата обращения: 14.11.2017).

Rosatom 2018 — Rosatom. Wind Energy. URL: http://www.rosatom.ru/en/rosatom-group/wind-energy (дата обращения: 11.05.2018).

Ross 2015 — Ross C. State against Civil Society: Contentious Politics and the Non-Systemic Opposition in Russia // Europe-Asia Studies. 2015. Vol. 67. № 2. P. 171–176.

Rutland 2008 — Rutland P. Russia as an Energy Superpower // New Political Economy. 2008. Vol. 13. № 2. P. 203–210.

Rutland 2015 — Rutland P. Petronation? Oil, Gas, and National Identity in Russia // Post-Soviet Affairs. 2015. Vol. 31. № 1. P. 66–89.

Sabitova, Shavaleyeva 2015 — Sabitova N., Shavaleyeva Ch. Oil and Gas Revenues of the Russian Federation: Trends and Prospects // Procedia Economics and Finance. 2015. Vol. 27. P. 423–428.

Salonen 2018 — Salonen H. Public Justification Analysis of Russian Renewable Energy Strategies // Polar Geography. 2018. Vol. 41. № 2. P. 75–86.

Schaeffer et al. 2012 — Schaeffer R., Salem Szklo A., Frossard Pereira de Lucena A., Soares Moreira Cesar Borba B., Nogueira L., Pereira Fleming F., Troccoli A., Harrison M., Boulahya M. Energy Sector Vulnerability to Climate Change: A Review // Energy. 2012. № 38. P. 1–12.

Scholten 2019 — Scholten D. The Geopolitics of Renewables: An Introduction and Expectations // The Geopolitics of Renewables / ed. by D. Scholten. Cham: Springer, 2019. P. 1–33.

Shapovalova 2017 — Shapovalova D. The Effectiveness of Current Regulatory Models of Gas Flaring in Light of Black Carbon Emissions Reduction in the Arctic // Global Challenges in the Arctic Region / ed. by E. Conde, S. Iglesias Sánchez. London: Routledge, 2017. P. 325–344.

Sharples 2013 — Sharples J. Russian Approaches to Energy Security and Climate Change: Russian Gas Exports to the EU // Environmental Politics. 2013. Vol. 22. № 4. P. 683–700.

Shorrocks et al. 2016 — Shorrocks A., Davies J. B., Lluberas R., Koutsoukis A. Global Wealth Report 2016. Zurich: Credit Suisse Research Institute, 2016.

Shuiskii et al. 2010 — Shuiskii V., Alabyan S., Komissarov A., Morozenkova O. The Global Markets of Renewable Energy Sources and the National Interests of Russia // Studies on Russian Economic Development. 2010. Vol. 21. № 3. P. 318–327.

Shvarts et al. 2016 — Shvarts E., Pakhalov A., Knizhnikov A. Assessment of Environmental Responsibility of Oil and Gas Companies in Russia: The Rating Method // Journal of Cleaner Production. 2016. № 127. P. 143–151.

Simola, Solanko 2017 — Simola H., Solanko L. Overview of Russia's Oil and Gas Sector // BOFIT Policy Brief. 2017. № 5. URL: https://helda.helsinki. fi/bof/bitstream/handle/123456789/14701/bpb0517.pdf?sequence= 1&isAllowed=y (дата обращения: 10.05.2019).

Sipilä et al. 2017 — Sipilä O., Lyyra S., Semkin N., Patronen J., Kaura E., Sipilä E., Kopra J., Tynkkynen V.-P., Pynnöniemi K., Höysniemi S. Energia, huoltovarmuus ja geopoliittiset siirtymät // Valtioneuvoston selvitysja tutkimustoiminnan julkaisusarja. 2017. № 79.

Skryzhevska et al. 2015 — Skryzhevska Ye., Tynkkynen V.-P., Leppänen S. Russia's Climate Policies and Local Reality // Polar Geography. 2015. Vol. 38. № 2. P. 146–170.

Smeets 2018a — Smeets N. The Green Menace: Unraveling Russia's Elite Discourse on Enabling and Constraining Factors of Renewable Energy Policies // Energy Research & Social Science. 2018. Vol. 40. P. 244–256.

Smeets 2018b — Smeets N. Preserving Regime Stability during a Global Energy Transition: Neopatrimonial Explanations of Russia's Renewable Energy Practices. Presentation prepared for the 2nd Ghent Russia colloquium 'Russia's Political Economy Since 1992: Back to the Future?', 11–12 December 2018.

Smith Stegen 2011 — Smith Stegen K. Deconstructing the "Energy Weapon": Russia's Threat to Europe as a Case Study // Energy Policy. 2011. Vol. 39. P. 6505–6513.

Smith, Porter 2004 — Smith A., Porter D. Sport and National Identity in the Post-War World. New York: Routledge, 2004.

Smyth, Oates 2015 — Smyth R., Oates S. Mind the Gaps: Media Use and Mass Action in Russia // Europe-Asia Studies. 2015. Vol. 67. № 2. P. 285–305.

Statistics Finland 2017 — Energian tuonti ja vienti alkuperämaittain. URL: http://pxnet2.stat.fi/PXWeb/pxweb/fi/StatFin/StatFin_ene_ehk/statfin_ehk_pxt_004_fi.px/?rxid=51014c45-bdab-4956-8cac-d90d86bd14a7 (дата обращения: 24.11.2017).

Stohl et al. 2013 — Stohl A., Klimont Z., Eckhardt S., Kupiainen K., Shevchenko V. P., Kopeikin V. M., Novigatsky A. N. Black carbon in the Arctic: the underestimated role of gas flaring and residential combustion emissions // Atmospheric Chemistry and Physics. 2013. Vol. 13. Issue 17. P. 8833–8855.

Sugden, Tomlinson 2002 — Sugden J., Tomlinson A. Theory and Method for a Critical Sociology of Sports // Power Games: A Critical Sociology of Sports / ed. by J. Sugden, A. Tomlinson. Abingdon: Routledge, 2002. P. 3–21.

Sutela 2012 — Sutela P. The Political Economy of Putin's Russia. Abingdon: Routledge, 2004.

Szulecki et al. 2016 — Szulecki K., Fischer S., Gullberg A. T., Sartor O. Shaping the "Energy Union": Between National Positions and Governance Innovation in EU Energy and Climate Policy // Climate Policy. 2016. Vol. 16. № 5. P. 548–567.

Thompson 2017 — Thompson J. Russia's Environmental Aspirations Marred by Arctic Oil Spills. URL: https://www.upi.com/Russias-environmental-aspirations-marred-by-Arctic-oil-spills/7521492 616799/ (дата обращения: 6.02.2019).

Trenberth, Fasullo 2012 — Trenberth K. E., Fasullo J. T. Climate Extremes and Climate Change: The Russian Heat Wave and Other Climate Extremes of 2010 // Journal of Geophysical Research. 2012. № 117. P. 1–12.

Trubina 2014 — Trubina E. Mega-Events in the Context of Capitalist Modernity: The Case of 2014 Sochi Winter Olympics // Eurasian Geography and Economics. 2014. Vol. 55. № 6. P. 610–627.

Tynkkynen 2001 — Tynkkynen V.-P. Water Related Health Risks and Preventative Policies in the Karelian Republic // The Struggle for Russian Environmental Policy / ed. by I. Massa, V.-P. Tynkkynen. Helsinki: Kikimora Publications, 2001. P. 123–158.

Tynkkynen 2007 — Tynkkynen V.-P. Resource Curse Contested: Environmental Constructions in the Russian Periphery and Sustainable Development // European Planning Studies. 2007. Vol. 15. № 6. P. 853–870.

Tynkkynen 2009a — Tynkkynen V.-P. Geo-Governmentality and Studying Power in Urban and Regional Planning // The Finnish Journal of Urban Studies. 2009. Vol. 47. № 3. P. 24–37.

Tynkkynen 2009b — Tynkkynen V.-P. Planning Rationalities among Practitioners in St Petersburg, Russia: Soviet Traditions and Western Influences // Planning Cultures in Europe: Decoding Cultural Phenomena in Urban and Regional Planning / ed. by J. Knieling, F. Othengrafen. Aldershot: Ashgate, 2009. P. 149–165.

Tynkkynen 2010 — Tynkkynen V.-P. From Mute to Reflective: Changing Governmentality in St Petersburg and the Priorities of Russian Environmental Planning // Journal of Environmental Planning and Management. 2010. Vol. 53. № 2. P. 1–16.

Tynkkynen 2014 — Tynkkynen V.-P. Russian Bioenergy and the EU's Renewable Energy Goals: Perspectives of Security // Russian Energy and Security up to 2030 / ed. by S. Oxenstierna, V.-P. Tynkkynen. London: Routledge, 2014. P. 95–113.

Tynkkynen 2016a — Tynkkynen V.-P. Energy as Power — Gazprom, Gas Infrastructure, and Geo-Governmentality in Putin's Russia // Slavic Review. 2016. Vol. 75. № 2. P. 374–395.

Tynkkynen 2016b — Tynkkynen V.-P. Sports Fields and Corporate Governmentality: Gazprom's All-Russian Gas Program as Energopower // Critical Geographies of Sport: Space, Power and Sport in Global Perspective / ed. by N. Koch. Abingdon: Routledge, 2016. P. 75–90.

Tynkkynen 2016c — Tynkkynen V.-P. Russia's Nuclear Power and Finland's Foreign Policy // Russian Analytical Digest. 2016. № 193. P. 2–5.

Tynkkynen 2018a — Tynkkynen V.-P. The Environment of an Energy Giant: Climate Discourse Framed by "Hydrocarbon Culture" // Climate Change Discourse in Russia: Past and Present / ed. by M. Poberezhskaya, T. Ashe. London: Routledge, 2018. P. 50–63.

Tynkkynen 2018b — Tynkkynen, V.-P. Introduction: Contested Russian Arctic // Russia's Far North: The Contested Energy Frontier / ed. by V.-P. Tynkkynen, S. Tabata, D. Gritsenko and M. Goto. Abingdon and New York: Routledge, 2018. P. 1–8.

Tynkkynen et al. 2018 — Russia's Far North: The Contested Energy Frontier / ed. by V.-P. Tynkkynen, S. Tabata, D. Gritsenko, M. Goto. Abingdon and New York: Routledge, 2018.

Tynkkynen N. 2010 — Tynkkynen N. A Great Ecological Power in Global Climate Policy? Framing Climate Change as a Policy Problem in Russian Public Discussion // Environmental Politics. 2010. Vol. 19. № 2. P. 179–195.

Tynkkynen N., Aalto 2012 — Tynkkynen N., Aalto P. Environmental Sustainability of Russia's Energy Policies // Russia's Energy Policies: National, Interregional and Global Levels / ed. by P. Aalto. Cheltenham, UK and Northampton, MA, USA: Edward Elgar Publishing, 2012. P. 92–114.

Tynkkynen, Tynkkynen N. 2018 — Tynkkynen V.-P., Tynkkynen N. Climate Denial Revisited: (Re)contextualizing Russian Public Discourse on Climate Change during Putin 2.0 // Europe-Asia Studies. 2018. Vol. 70. № 7. P. 1103–1120.

Vasilyeva 2014 — Vasilyeva N. Constant Oil Spills Devastate Russia // The Seattle Times 24 December 2014. URL: www.seattletimes.com/nation-world/constant-oil-spills-devastate-russia/ (дата обращения: 28.11.2018).

Vasilyeva et al. 2015 — Vasilyeva E., Gore O., Viljainen S., Tynkkynen V.-P. Electricity Production as an Effective Solution for Associated Petroleum Gas Utilization in the Reformed Russian Electricity Market. Presented at 12th International Conference on the European Energy Market, 20–22 May 2015.

Vihma, Wigell 2016 — Vihma A., Wigell M. Unclear and Present Danger: Russia's Geoeconomics and the Nord Stream II Pipeline // Global Affairs. 2016. Vol. 2. № 4. P. 377–388.

Warhola, Lehning 2007 — Warhola J., Lehning A. Political Order, Identity, and Security in Multinational, Multi-Religious Russia // Nationalities Papers: The Journal of Nationalism and Ethnicity. 2007. Vol. 35. № 5. P. 933–957.

Washington, Cook 2011 — Washington H., Cook J. Climate Change Denial: Heads in the Sand. London: Earthscan, 2011.

Watts 2004a — Watts M. J. Antinomies of Community: Some Thoughts on Geography, Resources and Empire // Transactions of the Institute of British Geographers. New Series. 2004. Vol. 29. № 2. P. 195–216.

Watts 2004b — Watts M. J. Resource Curse? Governmentality, Oil and Power in the Niger Delta, Nigeria // Geopolitics. 2004. Vol. 9. № 1. P. 50–80.

Wegren 2013 — Return to Putin's Russia: Past Imperfect, Future Uncertain (5th edn.) / ed. by S. K. Wegren. Lanham, MD: Rowman & Littlefield, 2013.

Wengle 2015 — Wengle S. Post-Soviet Power: State Led Development and Russia's Marketization. New York: Cambridge University Press, 2015.

Whatmore 2003 — Whatmore S. Hybrid Geographies: Rethinking the "Human" in Human Geography // Human Geography Today / ed. by D. Massey, J. Allen, P. Sarre. Cambridge: Cambridge University Press, 2003. P. 24–39.

Wigell, Vihma 2016 — Wigell M., Vihma A. Geopolitics versus Geoeconomics: The Case of Russia's Geostrategy and Its Effects on the EU // International Affairs. 2016. Vol. 92. № 3. P. 605–627.

Wilson Rowe 2009 — Wilson Rowe E. Who is to Blame? Agency, Causality, Responsibility and the Role of Experts in Russian Framings of Global Climate Change // Europe-Asia Studies. 2009. Vol. 61. № 4. P. 593–619.

Wilson Rowe 2012 — Wilson Rowe E. International Science, Domestic Politics: Russian Reception of International Climate Change Assessments // Environment and Planning D: Society and Space. 2012. Vol. 30. P. 711–726.

WNA 2016 — World Nuclear Association. Nuclear Power in the European Union, World Nuclear Association. URL: http://www.world-nuclear.org/information-library/country-proles/others/ european-union.aspx (дата обращения: 11.05.2019).

World Energy Council 2018 — Wind in Russia. World Energy Council. URL: https://www.worldenergy.org/data/resources/country/russia/wind/ (дата обращения: 27.11.2018).

Yablokov 2018 — Yablokov I. Fortress Russia: Conspiracy Theories in the Post-Soviet World. Cambridge: Polity Press, 2018.

Zimmerer 2011 — Zimmerer K. New Geographies of Energy: Introduction to the Special Issue // Annals of the Association of American Geographers. 2011. Vol. 101. № 4. P. 705–711.

Предметно-именной указатель

Оглавление

Научное издание

Вели-Пекка Тюнккюнен

ЭНЕРГИЯ РОССИИ
Углеводородная культура и изменение климата

Подписано в печать 31.01.2024.
Формат издания 60 × 90 $^1/_{16}$. Усл. печ. л. 14,3.
Тираж 200 экз.

Academic Studies Press
1577 Beacon Street, Brookline, MA 02446 USA
https://www.academicstudiespress.com